读客经管文库
长期投资自己，就看读客经管。

每个人都有自己的
职场优势

发挥优势，就是做自己喜欢又擅长的事！

崔璀 著

江苏凤凰文艺出版社
JIANGSU PHOENIX LITERATURE AND
ART PUBLISHING

图书在版编目（CIP）数据

每个人都有自己的职场优势 / 崔璀著． -- 南京：
江苏凤凰文艺出版社，2023.9（2023.11 重印）
　ISBN 978-7-5594-7969-3

Ⅰ．①每… Ⅱ．①崔… Ⅲ．①成功心理－通俗读物
Ⅳ．① B848.4-49

中国国家版本馆 CIP 数据核字 (2023) 第 164486 号

每个人都有自己的职场优势

崔　璀　著

责任编辑	朱智贤
特约编辑	贾育楠　洪　刚　吕富利　李文结
特约策划	蔡　蕾
封面设计	于　欣
内文插图	江冉滢
责任印制	刘　巍
出版发行	江苏凤凰文艺出版社
	南京市中央路 165 号，邮编：210009
网　　址	http://www.jswenyi.com
印　　刷	河北中科印刷科技发展有限公司
开　　本	880 毫米 × 1230 毫米　1/32
印　　张	8
字　　数	155 千字
版　　次	2023 年 9 月第 1 版
印　　次	2023 年 11 月第 2 次印刷
标准书号	ISBN 978-7-5594-7969-3
定　　价	59.90 元

江苏凤凰文艺版图书凡印刷、装订错误，可向出版社调换，联系电话：010-87681002。

推荐序　　　　　　　　　　　　　　　　　史欣悦
崔璀的问号与箭头

虽然给女同学起外号不好,但我还是给崔璀连起了两个:"崔箭头""崔问号"。

"箭头"来自做课专家的评价。我在琢磨我的沟通课的时候,正好赶上和崔璀吃饭聊天。我说:"沟通的课那么多,起个什么名字好呢?"崔璀听完我的介绍,直接说:"你这就是'关键对话'!"我一听,靠谱!连忙告诉帮我做课的编辑老师,他们听了一拍大腿,说:"这下就找到了'箭头感'!"

于是,"崔箭头"的外号诞生了,它完美地形容了崔老师多么会聚焦,多么地 sharp(尖锐)。

"问号"产生于与崔老师工作的日常。崔老师特别爱问问题,还特别会问问题。我们第一次连线直播,谁也不认识谁,生活中完全没见过。结果她三言两语就把我的自我认知都挖掘了出来:高敏感、反内卷、本质社恐。

第二次直播,我想都是熟人了,还能问什么呢?没想到,直播前她发给我一套测评，全是问题，足足120多道题，道道直指人心。她评价自己时说："我就是喜欢问为什么，以前领导派我去做个事，我都要问，为什么派我去？你是看到了我的什么优势吗？"

以提问来发现优势，这就是崔璀的方法论。要我说，这个过程就是"把问号拉直成箭头射出去"，"崔问号"和"崔箭头"原本是统一的一体两面。

我的优势测评结果挺有意思。学习力是我的第一大优势，我同意。我喜欢学习不同的东西，也喜欢分享我学到的东西。我接下来的两个优势——共情力和引领力——都属于关系优势，我也同意。我的第四个优势是创新力，这和学习力一样，都是思维优势。

我怀疑自己没什么创新力，毕竟律师都是保守的，法律也不讲创新，都是技术和社会创新了，法律才跟上。我们是一个不太创新的专业。但是，崔璀老师说："很明显你在创新——你看，你在律师工作之外干了多少新事，每次跟你聊天，你从职场出发，非要绕到历史、戏剧和李叔同的书法。"被她这么一分析，我倒觉得，那我也算有创新力了。好在创新力排名第四，不是我最突出的特征，这也和我自己的认知相符合。

最能引起我思考的，是我在四大优势之外的那五项。

思维优势里，我得分少的是分析力。我数学一直学得不好，是分析力薄弱的原因吗？

关系优势里，我得分少的是交往力，这个测得特别准。虽然我和大部分人都处得不错，朋友好像也挺多，但是我不喜欢"交往"。这里说的交往，就是为了交往而交往，专门去参加一些以交往为目的的聚会，或者努力挤进哪个圈子，这真不是我擅长和喜欢的。

我的测评结果里，最重要的其实是那个空白项——执行优势。我没有任何一项执行优势名列前四，也就是说，目标力、行动力、驱动力都非我所长。这个空白带给了我深深的思考，脑海中都是崔璀式的问号，认真想了一阵，那些问号又都伸直变成了箭头。

在执行上，我没有突出的优势，这个结果我是服气的。我愿意花时间、努力做的事，都是学习力在驱动的，或者说是兴趣使然，而不是来自要达成一个什么目标的愿望。回想我从学生时代到工作的那些年里，很多需要具体上手的事情，都不是我的强项。尤其是在兴趣不足的时候，目标力和驱动力对我产生的作用很小。

优势思维，解答了我对于自己的许多问题和疑惑，许多问号不再存在。怪不得，有些事我既有兴趣，又容易干好；而另外一些事情，对我来说就很难。原来背后的道理就是，我的优势到底在哪里，我有没有用对地方。

和年轻的朋友交流职场经验时，我常常说，要更多地从你自己出发，而不是从公司的要求出发。公司的要求，是普遍适用的要求，你做到了，别人也做到了，你们都是公司流程上合格的人，一样好；但是，也一样普通。真正想做出来，做得不一样，做得带劲，一定要从自己的优势出发，问自己：你热爱什么？你擅长什么？现在的工作如何才能发挥你的优势？

我讲过用一些"土办法"去发现优势，比如，哪些事是不给钱你也愿意干的，哪些事你觉得很容易但是有小伙伴说你很厉害——诸如此类的招儿。我就是想启发年轻的朋友，去发现自己的优势所在。现在，我可以直接问，用优势思维来看，你具有哪些优势呢？优势思维，就是用那些正确的问号，发现自己从来就有的箭头。

优势，本质上是一种战略思维。国家有战略，企业有战略，个人发展也应该有战略。优势战略是战略思维的主流，名门正派，学习者甚多。战争里，有毛泽东的"集中优势歼灭敌人"的经典战略；国民经济里，有"发挥比较优势"的发展战略。只有知道自己的优势，发挥自己的优势，才是四两拨千斤的聪明战法。

我们学习优势思维，一定要知道优势是动态的、变化的。让我回到刚上班二十岁出头的时候，我的四大优势未必与今日完全一致。优势与否，有先天因素，同时也一定是干出来的，是接触社会、经受挫折才磨合出来的。凡是科学的道理，都有边界，可以证伪；反之，不谈条件和场景，放之四海而皆准的，一定不是科学。

我最喜欢崔璀优势方法论的一点，是每个优势测评的那些肯定的话语之后，一定会有提醒你注意的"优势力盲点"。崔璀提醒我们注意——那些阻碍我们进步的，恰恰就是我们坚信不疑的事。在查看我的测评结果时，我读了许多遍我的优势力盲点，这是和优势本身一样，价值千金的提醒。

困扰于职场中的我们，或者说，困惑于人生中的我们，不妨以优势的观点去观察一下自己。有意义且有意思的工作与生活并不太复杂，简单说就是——你是谁？你有什么优势？你的优势发挥得如何？——这几个问题而已。明确了自己的优势，也就不再烦恼怎么学别人还学不会。模仿别人、羡慕别人一定没有前途，因为别人的优势你没有，而你的优势别人也没有。

"天生我材必有用"，这是李白的感慨，我多么希望李白能够读读这本书，了解他的"材"是什么才，他的"用"应该如何用。李白的遗憾就在于，他生前留下了许多问号，他身后历代人看到的满是箭头。

李白远去不可追，好在我们有崔璀。

史欣悦

君合律师事务所合伙人

目 录

第一章　用优势重新定义自我 / 001

    1. 什么是优势 / 003

    2. 发现你的优势 / 012

    3. 从锻炼本事到修炼本能 / 016

第二章　发现优势，成为自己 / 021

    1. 你以为的缺点，其实是你的优势 / 023

    2. 为什么你不快乐 / 029

    3. 为什么你总是焦虑 / 033

    4. 面对不确定：找到自己的生存缝隙 / 039

    5. 把时间花在最重要的事情上 / 045

    6. 先满足自己，才能成功 / 050

第三章　职业方向，就藏在你的优势里 / 055

    1. 为什么有人那么热爱工作 / 057

I

2. 真正的职业只有一个：找到自我 / 063

3. 向内探求：成功画面法 / 067

4. 建构人生的意义：顺应你的优势 / 073

5. 让工作卓越的秘诀 / 078

6. 学会拒绝做不擅长的事 / 083

7. 每个人都有自己独特的领导力 / 088

8. "不适合"背后的真问题和假问题 / 094

9. 信息能力：找工作时的关键能力 / 103

10. 我们应该有怎样的职业观 / 109

第四章　用优势视角，拥抱人际差异 / 115

1. 职场关系：尊重彼此，而不是当成工具人 / 117

2. 要给下属提供情绪价值吗 / 125

3. 沟通：企业管理的过去、现在与未来 / 132

4. 最好的爱，是发现孩子的优势 / 143

5. 新职业时代：提前帮孩子确认自我 / 147

6. 亲密关系：先接纳，再分工 / 155

附 录　你的九大优势解析 / 163

　　1. 共情力：最能理解他人，高度包容 / 165

　　2. 交往力：天生就是自己的代言人 / 173

　　3. 引领力：敢拿主意，愿意担责 / 182

　　4. 分析力：思维的架构师 / 190

　　5. 创新力：突破常规，出奇制胜 / 197

　　6. 学习力：学习就是最大的回报 / 205

　　7. 行动力：快速决断，在行动中思考 / 211

　　8. 目标力：人生信条是"势必达成" / 217

　　9. 驱动力：一辈子都保持追求、探索和行动 / 224

　　* 个人优势使用说明书 / 232

　　* 个人优势寻找 / 234

后 记 / 236

致 谢 / 242

找到优势,不是成为更好的自己,
而是更好地成为自己。

第一章

用优势重新定义自我

1. 什么是优势

我们总是说，成年人要有成熟的自我认知，工作要发挥所长，才能卓有成效；我们总是说，没有不合适的人，只有没放到合适位置的人，管理者的重要职责就是用人所长。

到底什么是一个人的"长"？用好了又有多重要？先跟你们讲讲我自己的一个经历。

去年我出了一本新书。参加活动时，需要提前签好名。其中有一次，要签2000本书。这事也不难，只是非常耗时间，尤其是一转头看见一大堆扉页堆在那里，心态就有点崩了，觉得"唉，这也太多了，肯定签不完"，然后本能地就想往后拖……

负责这件事的年轻同事小熊催了我3次，最后一次我跟他说，要不算了吧，今天排了6个会，真是没时间。

小熊没说话，离开了办公室。但是转头，他做了一件出乎我意料的事。

那天我进会议室，发现桌上堆了一小沓要签的扉页，也就200页；我进办公室，办公桌堆了一小沓，差不多300页。

一小沓，开着会，顺手就签了。签着签着，竟然也就签完了。心情愉悦。

就在那天我忍不住感叹：人对了，空气都是对的。因为按理说，是我自己做不到而选择了放弃。小熊完全可以跟合作方说，老板没空，合作暂缓，然后早早下班。这也无可厚非，但这些行为对工作结果来说，是没有任何好处的。

所以我非常感谢小熊，他既动了脑子又用了心，轻轻松松在"人和事"中间找到一个平衡，既共情了我想"提高销量"的目标，又共情了"我面对一个庞然大物不知道从哪下手"的卡点。

这些细节，是管理者再怎么使劲培训，也培训不出来的，因为这些靠的是人天生的优势。

成年人的第一个重要任务：发现自己的优势，并在日复一日的工作中发挥它。

优势，是一个人天生对世界的感受、反应和行为方式。

优势的第一个特征：稳定性。

从时间维度来看，一个形成了特定优势的人，在一生的时间跨度下都倾向于做出特定的感受、反应和行为方式；从场景维度来看，一个形成了特定优势的人，在不同场景下都倾向于做出特定的感受、反应和行为方式。

举个例子，一个有目标力优势的人，天生就会更在意实现目标。对别人来说，"势必达成"是一个口号，对他来说，是一种生活态度。

没有目标时他特别茫然，一旦目标确定，他就会兴奋，有确定感，有时会因为太想完成目标而焦虑——这是感受，他从小就有这种感受。

如果你身边有目标力优势者，你仔细观察会发现，一旦出现了阻碍他完成目标的因素，比如变更目标，给他安排新的任务耽误他原本完成目标的时间，他下意识会反抗，会拒绝——这是反应。

而同样是面对一个目标，他似乎天生就擅长拆解、追踪、步步跟进，比其他人更"靠谱"——这是行为方式。

在开始人生之路之前，你得先知道，自己是谁。3万名学员在学习完优势课程之后，有85%的学员反馈，自己更自信，不焦虑了，因为确认了自我的独特性，说白了，就是知道了自己是谁。

优势的第二个特征：区别性。

它解释了人和人之间的底层差异。

新财年公司设定了一个新的目标，A 的第一反应是，太好了，我就是要冲刺更大的盘子，做更大的事业；B 的第一反应是，如果我想争取这个项目，别人会不会觉得我好大喜功；C 的第一反应是，这个业务本身逻辑有问题，还得再分析分析。他们接下来的行为也将完全不一样。

理解自己和别人的差异性，才能在每一次困境中找准破局点，有"不变"的勇气，走出属于自己的路。

理解别人和自己的差异性，才能理解生活和工作中的冲突，有"改变"的能力，懂变通，会协作。

优势的第三个特征：它是一个中性词，一体两面。

发挥得好，辅助你、赋能你；发挥得不好，牵制你、困扰你。

比如前面提到的小熊，他天生共情力强，轻轻松松就能想到一个"既能实现自己的目标，又能让别人舒服"的方法，但同时，他的敏感多虑有时也会成为他晚上辗转反侧意难平的

"元凶"。

比如你的老板谋定而后动，足智多谋，具有明显的"分析力"优势，但他一定也会有瞻前顾后、屡次"错过"机会的犹豫。

比如你的搭档天生喜欢联想，看到 A，忍不住 B 就跑到脑袋里，他是一个机灵的"创新力"优势者，那你一定头痛过，怎么才能不让他的"灵感爆棚"变成"思路混乱，想得多做得少"呢？

每个人都想有自己的核心竞争力，每次面试、升职答辩，甚至夜深人静思考人生时，都会面对这个问题：你的核心竞争力是什么？

积累了30多万份测评数据，深度服务了3万多名学员之后，我们得出了一个结论：

发现优势 + 发挥优势 = 一个人的核心竞争力

每个人都有自己的优势，只是我们很少意识到它，更别说发现它，但恰恰是优势，决定了我们是谁。

大脑中有种结构叫"突触"，突触把大脑的基本单位——神经元联结在一起。

我们出生后，突触的数量是呈指数级增长的。到3岁的时候，突触生长达到巅峰。这个时期就像是大脑生长的"洪水时期"。假如我们把突触联结比喻为水流，那这个时期大脑中到处都是水流。处在这个时期的孩子会疯狂地吸收感知到的一切。凡是水流过的地方，孩子都会吸收。这就是为什么我们把这个时候孩子的心智称为"吸收性心智"。

但我们并没有办法招架这洪水般丰沛的吸收。吸收太多，理解不过来。于是，随着年龄的增加，突触会慢慢减少，到16岁左右的时候，突触的数量会减少到约3岁的一半。

但与其说是突触减少，不如说是突触在自我优化。出于先天基因、后天教育和实践的原因，有些突触联结固化和稳定下来，另一些突触联结缩小并消失了。留下的联结会继续壮大，因为现在的水资源不是无目的地乱流了，它们汇聚到这些联结上，不断冲刷，形成河流。我们不断按照自己独有的突触联结来感受、反应和思考，这就是我们大脑最后形成的河流系统，这个河流系统会伴随我们一生。

洪水退去，露出的是河流，而我们的优势就是各自神经网络中的大江大河。这些江河水流宽阔，承载着我们大量的思考、感受和行为。而劣势可能就是一条小水沟，甚至可能是无水的旱地，对你来说，它很难形成通路，你可能根本不会经过那里。

当前，还没有一种优势分类系统在全世界得到使用或认同。但是在过去十几年，一些分类和测量方法已经被创建、改进和广泛传播了，比如盖洛普才干测试和人格优势的价值实践分类体系。

2019年年底，我们协同专业机构，基于积极心理学、经典FFM人格模型及中国人格结构理论，研发了优势分类系统。

从行动、思维、关系三个层面对优势进行了归类，每个层面又分出三个子类，分别是：

- 行动层面：驱动力，目标力，行动力
- 思维层面：学习力，创新力，分析力
- 关系层面：共情力，交往力，引领力[1]

这些天生的优势让我们天生的反应模式和行为方式与其他人有所区别。

---

1 这9个优势将会在本书附录里一一解析。

这就能解释为什么面对一个混乱的会议时，有人第一反应是对关系的害怕："天哪，他这么说是不是对我有意见"；有人第一反应是对逻辑的疑惑："逻辑上来讲，这不对劲"；有人第一反应是对局面失控感到不舒服，他会挺身而出，引导局面。

因为他们的主导优势分别是共情力、分析力和引领力。

共情力优势者天生对人际关系敏感，他们在意他人的评价，希望别人高兴，害怕被讨厌；分析力优势者在意的是表象背后的本质，事情永远比人情重要；引领力优势者天生有领导力，掌控全局，不能忍受任何失控。

这也能解释为什么在一个职业选择面前，有人第一关注点是人际关系："同事关系是否友好"？有人第一关注点是："工作环境是否宽松，头脑风暴会开得多吗"？有人第一关注点是："是否有足够的培训，我能学到新东西吗"？

因为他们的主导优势分别是交往力、创新力和学习力。

交往力优势者擅长与人相处，人际关系的纯粹友好是他们的能量来源；创新力优势者脑袋里会自动生成无数新点子，他们最怕被束缚；而学习力优势者一天不吸收新知识，就会觉得自己的人生荒废了，他们对这个世界永远饥渴、充满好奇。

2. 发现你的优势

发现自己的优势，是自我认知的开始，是起始的"1"。顺应自己的优势，我们会发现自己有很强的效能感：这让我们意识到自己做一件事天生就比其他10 000个人做得好，它让我们感到自己很强大，专注且投入——就像小熊，我对他表示感谢时，他摸着脑袋说："啊，这很容易啊。"

但多数时候，人们都会把优势判定为自己的缺点，想尽办法修正它、掩盖它，忙不迭地追逐别人制定的"标准"——

你天生敏感多虑，但别人说大大咧咧才是好性格。于是你规训自己要变得"粗糙"。

你是一个三思而后定的人，但别人说干就完了，唯快不破。你便认定犹疑不决的特质会耽误事。

你从小就是孩子王，振臂一挥总能成为C位，别人说枪打出头鸟，不能太出风头。于是你压抑着自己想做决定的天性，俯身对这个世界点头称是。

别人说，别人说，别人说……

我们的脑袋里住满了别人，自己被挤得无影无踪。

可是，"扮演别人"绝不可能长久，它意味着你在磨灭自己的天性，浪费自己的才华。弥补劣势也不仅让人难受，还会让人平庸。你花了很多时间，用了很多力气，结果事倍功半。

在2019年的一次演讲活动中，现场有500人，同台嘉宾有辩手、歌手、作家，都是在舞台上身经百战的人——更让我震惊的是，到了现场，我才发现大家都准备了提词器，而我因为没有演讲经验，只带了PPT。

无知者无畏，有时候反而会成为人生的破局点。

来都来了，还能跑不成？我就这么哆哆嗦嗦上台了。刚开了个头，我就发现，所有想象的灾难都没有发生，惊喜接二连三。有观众笑，有观众流泪，我感受到自己的投入和专注，忘记了时间，忘记了紧张。

下台之后，主办方负责人走过来问我，太出乎意料了，你接受过什么演讲培训吗？

当然没有，这是我第一次真正意义上的演讲。上一次和上上次,都是在公司的年会上。

那次之后,我便隐约意识到我在演讲上是有天赋的。于是,为了精进我的演讲能力,我试图打造自己的"逻辑型"演讲风格,罗列数据,条分缕析,我觉得那才是有说服力的演讲——结局恐怕你也猜到了,尝试了几次,就失败了几次。

人有时候不怕努力,就怕瞎努力。

甚至有一次,讲到一半,我发现自己不停地看表,跟以前担心演讲超时不一样,这一次,我是想知道什么时候才能讲完。

演讲变成了我的煎熬,在密密麻麻的数据面前,我兴奋不起来,像是读说明书一般想着尽快结束演讲。

后来研究优势理论,我才慢慢找到了答案:

那些能把数据和模型讲得精彩绝伦的演讲者,他们有强大的分析力,从复杂现象中提取模型是他们天生的反应模式,乐此不疲,日复一日。

而我的优势是驱动力和共情力,提炼信念,寻找意义,在情绪和感受层面与观众同频,是我信手拈来的影响力。

也就是说,在强逻辑的演讲中,我再怎么熬夜点灯,也不过只能到天赋型选手的起跑点,人家早就跑得无影无踪了,还轻轻松松——我这就是无效努力啊！

而精准努力则是，在你的优势上起跑，开局就会得胜——如果你看过我从2020年开始的每年一次的年度演讲，你就会知道，我老老实实地顺应自己的优势了。

我认识一位国际CEO猎头，面试过4000多位顶尖职场精英。她跟我们说："见了那么多厉害的人，那些极其成功的人，在其他领域，表现其实相当一般，但有一两项突出的优势。他们卓越的秘诀在于：投身到与自己的一两个优势完全匹配的职业中去。这意味着，他们的职业不仅能让他们发挥优势，还能推动他们在日复一日、年复一年的工作中不断练习，把普通优势发展成顶级优势。最后，他们确实成了那一两个优势领域的顶尖高手。"

所以从优势的视角出发，我们能看到的是：不是你不够聪明，不够努力，仅仅因为努力是需要前提的——发现并顺应你的优势。

3. 从锻炼本事到修炼本能

ChatGPT-4发布后，关于如何使用它的课程在各个平台争相问世。与此同时，工作是否会被AI取代的焦虑无声蔓延。

这种焦虑绝不是此刻才出现的。我常常在评论区收到类似的留言：

"我只是一个随时会被淘汰的工具人。"

"以前学一门技术，要拜师学艺，苦练三五年，才摸到些门道。"

现在，信息化时代，学习门槛太低了，通过一个视频就能轻而易举地学到大部分知识。以前在一个行业干十多年，是行业里的老前辈、技术大牛，各大企业争着挖。现在在一个行业干到中年，人们会担心更年轻的人、更先进的AI技术会取代自己。

这些问题的本质，其实都是同一个：在这个时代，如何才能找到自己的不可替代性？

我的答案是：从锻炼本事到修炼本能。

美国哈佛大学教授麦克利兰（David C. McClelland）提出过一个概念叫"胜任素质"（competency）。现代很多企业会借此作为对人才进行筛选和发掘的考查标准。

它包括五种形态的特质：动机、特质、自我概念、知识和技巧。

· 动机（motive）：一个人对某种事物持续渴望，进而付诸行动的念头。它是指潜在的需求或思考模式，驱使个人选择或指引个人行为。

· 特质（trait）：身体的特性或对情境及信息的持续反应。

· 自我概念（self-concept）：关于一个人的态度、价值或自我印象。

· 知识（knowledge）：指一个人在特定领域的专业知识。

· 技巧（skill）：执行有形或无形任务的能力。

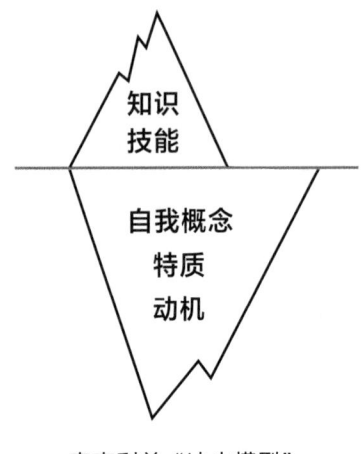

麦克利兰"冰山模型"

我们看一个人,通常只能以技能和知识评判,它们相对显性,看得见,摸得着。但这只是冰山之上的部分,一个人最核心的且不易觉察的竞争力,是隐藏在冰山之下的"自我概念""特质"和"动机"。

冰山之上的,是本事。

冰山之下的,是本能。

同样是做销售,你跟销冠拥有的是同样的产品、同样的客户资源,用的也是同一套话术技巧,但往往业绩却相差几倍,甚至几十倍。为什么?

因为话术技巧、资源、人脉,是在冰山之上的本事。

而冰山之下没被看到的是：

有的销冠天生外向强势（自我概念），哪怕被问到知识盲区，也能理直气壮地说"我是专业的，你听我的"。遇到质疑愈挫愈勇，从气场上就影响了客户（特质），他们特别善于说服和引领，享受掌控一切（动机）。

而有的销冠天生内向共情（自我概念），他们不会轻易开口，但会说出最准确的话。哪怕客户说得毫无逻辑，他也能一针见血地告诉客户，这个产品能帮他解决什么问题（特质），他们特别擅长洞察和共情，享受成就他人（动机）。

前几天有投资人问我，创业公司到了一定阶段，都会遇到瓶颈，你觉得要靠什么突破？

我说，每个人的突破点都不一样。

有的创业者心力强大（自我概念），他们眼睛总是看向远方，睡一觉就会满血复活，不被当下的困难牵绊（特质），向北极星靠近是他们最大的成就感来源，为此他们会想尽办法吸引人才，找到能帮自己成功的力量（动机）。

有的创业者脑力卓越（自我概念），他们的大脑像是一台高速处理器，在每一个困难的当下，他向内、向深处思考，在纷繁复杂的表象中提取本质（特质），他们人生的追求就是看到真问题，解决真问题（动机）。

这个发挥优势的过程，就是他们突破瓶颈的过程。

本事，是可被教授的，是可被习得的，是可被复制的。它是那套标准化的东西，重要，但不是最重要的。

本能，才是我们每一个人区别于别人、不可复制的部分。

你是一个什么样的人？（自我概念）

你擅长的行为模式是什么？（特质）

你的热爱、你的动力在哪里？（动机）

回答清楚这三个问题，你就会看到自己成事的底层逻辑。

这就是一个人的核心优势。

在这个不确定的时代中，找到自己最确定的价值，用长久的生命修炼它、打磨它，这就是无法被复制，更难以被超越的最重要的价值。

第二章

发现优势，成为自己

1. 你以为的缺点，其实是你的优势

焦虑自卑，是因为你想成为别人而不得。

先讲两个发生在我自己身上的小故事。

2008年，是我进入职场的第二年，我被提拔为小主管，从没有学习过"管理"的我就这么跳上了拳台——自然，被打得鼻青脸肿。

记得有一次，领导严厉指出了我的一个管理问题："你不能这么老好人，要树立威严，才能有领导力。"

我怯懦地回他："规矩还是有的，如果有同事事情没做好，我是会叫到小会议室指出问题，批评他的。"

领导想都没想就说道："你看，要不说你太温和，当然是要在公开场合直接批评，这样大家才能有规则意识。"

当时我的第一反应就是："不够强势，没有气场，的确是我的问题。"

几周后，有个同事因为粗心错失了客户，我想起领导的指点，当即在开放办公室里指责了他。

也就三五句话，说完自己却心慌得不得了，在心里指责自己："这点小事紧张什么！"

没想到，伶牙俐齿的同事当即就回撑了我。

还没从刚才的慌乱中缓过来，又遭受当头一棒，我呆在原地，完全反应不过来该如何回应。

一次失败的"领导力"展示。

那次之后，我又回到了"小房间聊"的模式，同时自信跌到了谷底：是因为自己没有领导力，只能这么做。

这件事之后的两年多时间，我都在自卑中度过。我每时每刻都想成为"更好的管理者"，但尝试过多次，怎么都做不到强势回击，伶牙俐齿。

直到有一次，公司 HR 副总裁跟我闲聊。她说："你知道吗，很多同事来找我们 HR 时，带着各种委屈的情绪，但你的团队成员来找我，从来都只是谈事情，比如了解公司政策，他们的情绪是可以跟你谈的，很多误解在沟通中已经被消除了，做起事来心无旁骛。这是你的管理特色。"

那一天，在多年自我怀疑中，我第一次听到了这句话，

"这不是你的问题,这是你的优势"。

后来,我做了一条短视频——"羊性管理者如何批评下属",播放量达到了300多万。在视频里,我引用了《曾国藩家书》中的一句话——"扬善于公庭,规过于私室",来告诉"羊性管理者",我们天生共情力强,对别人的情绪极其敏锐,也很在意,跟人正面起冲突本身就是很消耗我们的事情——在公开场合赞美别人,在小房间提出批评,才是最适合我们的管理方式。

这一年是我做管理工作的第十三年。

在漫长的自我探索中,我逐渐理解了一个人生原命题:为什么我们常常陷入焦虑、自卑等负面情绪?

也许是因为我们想成为"更好的自己"而不得,是我不够努力,是我不够优秀。但那个所谓"更好的自己",其实是别人。

我们永远不可能成为"别人"。因为每个人的天生优势,都写在了基因密码中,我们每个人都有自己的天生所长,跑到别人的主场,永远做不了自己人生的主角。

第二个小故事,发生在2020年。

我第一次做年度演讲,在12月9日才确定,29日就要全网直播。为了在最短时间内告知最多用户,我制订了一个计划,连续20天在公众号上"文字直播"年度演讲的进度。

写到第五天,忽然发现后台很多用户留言在哪里看直播,怎么购票,没有人及时处理,再想回复,已经过了48小时触达时间,没办法回复了。

我特别沮丧,开进度会的时候嘟囔了一句:"不想写了……"

话音还没落,对面一个声音传来:"<u>你也太玻璃心了。</u>"这个声音来自我们当时的运营总监。

他连头都没有抬,就这么自然而然地说出了这句话。基于对他的了解,我确定他没有任何攻击的意思,只是在表达自己的看法。

放在从前,我会否定自己,觉得自己很糟糕:"对啊,就这么点小事,有什么可沮丧的。"甚至会无限放大这个评价,焦虑内耗:"别人肯定觉得我性格不够明朗,整天为些小事纠结。"

但是那天,我的第一反应是,他还不够了解我。

我是一个<u>典型的成就驱动者。</u>

<u>成就驱动的特点,是需要明确地看到自己每天的工作产</u>

生成果。我们这种人对成就的渴求强烈到什么程度，就是不论今天取得了多么大的成绩，到第二天，全部清零，一切都是新的，从头再来。成就驱动是我的优势。在职场十多年，再难也不下牌桌，我拿下一个又一个山头，这源源不断的生命力，是驱动力在发挥它的作用。

那天，我跟运营总监说："我知道，你是目标力优势者，完成目标对你来说是最重要的，所有影响完成目标的因素，你都想尽快地消灭它，比如我这所谓的'玻璃心'。但对我来说，正反馈会让我状态爆棚，越来越有干劲——用好我这个优势，才更容易实现你的目标。"

说这话的时候，我内心毫无波澜，只是陈述一个知识点。

运营总监听完后说道："这样啊，那行，我们及时回复留言，保证你有更新的动力，这也利于完成我们的目标。"

这是一次真正有效的沟通。这次沟通给我带来了某种奇妙的感觉：我掌握了准确描述自己的语言，并清晰地传递了出去。在面对别人的质疑时，我走过了一次思维的转变：

从"这是我的问题？"到"这是我的优势"。

短短一句话，我花了十五年以上的时间完成自我确认。

在这十多年间，我升职加薪，遇到职业瓶颈，经历抑郁情绪，重启职场人生，辞职创业，研究"优势理论"，为千万学员提供一种服务：找到优势，成为自己，而不是别人。不是成为更好的自己，而是更好地成为自己。

2. 为什么你不快乐

我出生在一个充满"矛盾"的家庭里。妈妈外向活泼，特别擅长通过联结人办成事。爸爸内敛敏感，能自己待着绝不跟人打交道。

从我记事开始，妈妈对爸爸的不满就集中在这个点："你这种性格，怎么能适应社会？"每一次，爸爸都会因为这个指责生气："我就天生这种性格，能有什么办法呢？"这是他常常说的话，但我却能从这句话里听到某种无奈的认同：这种性格就是不适合在社会发展。

后来爸爸开始创业，跟渠道商打交道对他来说都是一种煎熬。于是妈妈会给爸爸搭把手。跟人打交道的工作天生是妈妈这类人的主战场，她总能开着玩笑，两句话就把事办了。于是，"你这种性格，怎么能适应社会"这句咒语般的话，再次得到了印证。

"就大大方方去啊，嘻嘻哈哈的大家都高兴。"——在妈妈的心里，这种"指责"，是对自己丈夫的关爱和保护。她坚信，好性格和好的行为都是有标准的。这些像思想钢印一样存在于她的一生中，从未引发她的怀疑。

很遗憾，爸爸和妈妈都不知道，每个人的人生使命，并不是满足标准答案，而是活出属于自己的模样。

从某种角度来看，爸爸是世俗意义上"成功"的人。他很努力，但我总觉得，他的所有努力，是出于某种恐惧，"怕自己不行，想要证明自己还行"的恐惧，怕被别人评判的恐惧，努力满足这个社会对于"成功"标准的恐惧。

我从来没有问过爸爸，你快乐吗？我怕这个问题本身对他来说都是某种冒犯。但更多的原因是我知道他会说什么。

他会说，那有什么办法呢，小时候为了不挨饿，成年之后为了支撑一个家庭，这就是我们对自己的"交代"。但这个答案不足以"交代"人生，至少对我来说是不满意的。

在研究个人成长很多年后，我慢慢理解了这种不满意：我跟爸爸的特质一模一样，敏感内向，多思少言，不擅长跟人热络相处。

"你这种性格，怎么能适应社会？"

当别人对这个特质质疑时,我看到爸爸自己也认同了这种质疑,这让我感到深深的恐惧:难道我也会被这句咒语"诅咒"吗?

爸爸为什么不反抗,证明这句"诅咒"是错的呢?这让我很不甘心。

类似的情况在我们生活中还有很多:

身边所有人都给孩子报各种各样的补习班,他们说,你怎么能让孩子输在起跑线上呢?于是,看着每天玩到满头大汗的孩子,你觉得,快乐育儿可能是一种错误的选择?

你已经"996"好几个月了,觉得太累了。前辈说,为什么别人都受得了,就你不行。于是,看着满大街急速行走的白领,你会觉得,可能是我想错了吧?

其实每个人,包括我的爸爸,都会在被质疑的那瞬间感到不适:"我这样真的不好吗?"但几乎是下意识地,我们迅速认同了这些质疑,继而跟随那些声音改变自己的行为。

这就是一个人焦虑的原因。

心理学有个名词,叫"认知失调",是指一个人的行为与自己先前一贯的对自我的认知产生分歧时,便会引发紧张情绪:比如一个天生有共情力优势的人被评价"这人怎么这么敏感",于是他努力改变,扮演"大大咧咧"的自己,这时便会产生"认知失调"。

五月天有首歌唱道:"这世界笑了,于是你合群地一起笑了……你不是真正的快乐。你的笑只是你穿的保护色。"你看起来笑了,但你的内心是焦虑的。

3. 为什么你总是焦虑

我们觉得焦虑，有一个原因，是"选择太多了"。《心流》的作者米哈里·契克森米哈赖（Mihaly Csikszentmihalyi）借助热力学中"熵"这个概念，提出了"精神熵"。熵是指一个系统的混乱程度，越混乱，熵值就越高。反过来，一个系统内部越有规律，结构越清晰，熵值就越低。

人类大脑中的念头跟分子一样，时刻万马奔腾。

我们正处于知识爆炸的时代，每天主动或者被动进入我们大脑中的信息都是海量的，一个红绿灯时间，也能刷到几个"如何取得成功"的短视频；晚上上床睡觉，眼睛闭上了，但是大脑关不上，白天接收的信息各种乱窜，潜意识里，无数念头在争夺注意力，在抢夺大脑的控制权，会导致我们内心失去秩序，这就是精神熵。

我看过一个数据，到20世纪80年代末，人类的知识总量，几乎已到了每3年翻一番的程度。现在，全球网站数量已突破10亿，而微信公众号总量有800万个（这是官方说法，据民间统计数据有1500万个）。有一个说法是，一个能上网的12岁孩子能接触的信息比比尔·克林顿在白宫任职期间能接触的都要多。

随之而来的问题是，今天，真正能给你带来改变的信息，是多了还是少了？对你有用的知识肯定是多了。但是与你无关、不适合你的信息，也变得更多了。我们该怎么取舍？又如何判断呢？

这些年社交电商、直播电商发展得如火如荼。这方面的课程网上随手都能刷到，从选品、人设到直播技巧一条龙，每个环节都好像在告诉你，只要你进入这个行业，就不愁赚不到钱。但是泼冷水的分析也有很多：不是谁都能当主播的。现在主播分层严重，亮丽的只有顶层的那1%，没背景没资源的人，就别做梦了。

你听谁的？

有人说，内卷严重，工作"996"、生病ICU，别把自己逼得太狠，健康快乐才是人生要义。还有人说，年轻人不要想着贪图安逸，现在偷的懒，都是以后要还的债。

谁说得对？

有的课程说，学好沟通表达和英语，是永远都不会过时的技能。有的课程说，编程、AI、大数据，才是这个时代的王道。

你学哪个？

这就是看了太多人生指南，反而找不到北了。因为这些知识没有跟你和你的生命经验联结，没办法对你这个"人"产生意义，反而会带来无端的困扰。

那在什么契机下我们的心会安定下来呢？

借用米哈里的概念，当进入心流状态时，你所有的注意力都会集中在当下的任务上，所有的心理能量都在往同一个地方流去，与任务无关的念头都会被屏蔽。

比如外科医生的手术时间，比如滑雪运动员腾空而起的瞬间，比如小提琴演奏家跟乐队其他成员配合完成一首曲子的过程，比如我此时此刻写这些文字时。这一刻，在"心流"的语境中，就是人和事合二为一，达到了忘我的状态。

而在"优势"的语境中，就是你的优势与所做的事情完美地契合在一起。这个过程中，你能感受到自己的强大，清楚自己的价值。完成之后你会回味，甚至期待下一次的到来。你知道，自己才是意义的原点。

在今天这个信息爆炸的时代，我们真正需要的是让海量资讯跟自己的生命碰撞出意义的能力——在什么事情上，在哪一刻，你能感受到火花？你知道自己擅长？你有足够的定力坚持下去？

找到这件事是我们生而为人的意义所在，是对自己负责的方式，是为这个世界创造价值的方法。

* * *

有一次我向一位上市公司创始人请教，我问他，创业到现在，最大的成就感来自哪里？

他并没有说什么创造了多少社会价值，实现了多少人生财富，而是平静地说："最有成就感的是没放弃，只做这一件事，并且坚持了下来。"

那一刻，我完全听懂了他在说什么。

不只是创业，做任何事情都一样，我们会遇到无数的失败，但比失败更让人难以抗拒的，是诱惑。

如果你干得不错，随之而来的机会一定会变多，不断有人想跟你合作，提出新的条件。我之前采访过两家不同领域的公司，当时都算得上各自领域的明星公司，他们在最辉煌的时候，都选择了进军房地产行业。结果，前者遇到资金链问题，一蹶不振；后者因为受到互联网冲击，没有集中精力转型，逐渐没了声音。

华为的任正非先生也面对过相同的"诱惑"，国内市场经历房地产热时，不止一次有朋友向任正非先生发出邀请，"一起做房地产，一定赚得盆满钵满"，任先生一笑拒绝。后来在华为内部高层会议上，有高管再次提出华为可以向同行学习多元化发展，互联网、房地产都前景广阔。任正非先生大怒，并制定了《华为基本法》，其中明确提到：华为公司不管谁领导，都要坚持初心与方向，只追求在电子信息领域实现顾客的梦想；并且只能通过锲而不舍地艰苦追求，而不是通过投机取巧成为世界级的领先企业。

不仅是"成功者"，诱惑更容易出现在"失败者"面前。如果你经历了暂时的失败，身边一定会一次次出现这样的声音："你要不要干点儿别的？"也许是亲朋好友的关怀，也许这声音就来自你心底。

人生是由一次次选择组成的。但我们很难对信息做出判断，分不清面前的到底是诱惑还是机会。很多人索性人云亦云，走大家都走的路，跟着跑。

说白了是因为没有定力，不知道自己是谁，不知道自己要什么，擅长什么。

《圣经·新约·马太福音》中有句话："你们要进窄门。因为引到灭亡，那门是宽的，路是大的，进去的人也多；引到永生，那门是窄的，路是小的，找着的人也少。"我们常说窄门思维，它考验的就是一个人对于诱惑和机会的判断能力——当所有人对一个巨大的机会达成共识，而他却能在共识之外发现另外的机会。

这个能力来自对自己和世界深刻的觉察。当你有能力从海量信息中筛选出真正对自己有意义的时，才会敢于舍弃大量跟自己无关的信息，准确地挑选知识。

人生没我们想的那么长，能做的事儿也没我们想的那么多，做"少而准确的事儿"，更有可能成功，也更容易幸福。专注是喧哗时代的一种稳定。

了解自己擅长什么，不擅长什么，将使我们能够决定自己属于何处，以及不属于何处。

4. 面对不确定：找到自己的生存缝隙

2022年年底，一次聚会上一个朋友跟我说，工作了十几年，这几年有个切身感受，的确卷得厉害，有种"前排观众都站起来，我不站起来，什么都看不见"的紧迫感，但有时候也挺迷茫的，因为站起来，也不一定看得见。

招聘平台BOSS直聘的数据显示，2022年的平台日活跃度取得了历史最好成绩。2023年各项数据也都一路向好，一季度新增完善用户1461万人，数据超预期。MAU（Monthly Active User，每月活跃用户数量）同比上升58%，DAU（Daily Active User，每日活跃用户数量）同比上升54%。

招聘软件的数据高涨从侧面反映出个体求职者的不容易。职场人何去何从？为什么在这个时代我们集体陷入了迷茫？

因为整个职场环境遇到了突出的结构性问题。

先是受新型冠状病毒肺炎疫情影响，小企业努力维持不停业，大公司坚持降本增效；再是赛道变换，1000万教培人面临转型，2022年开始，一众互联网企业接二连三裁员。

2023年5月中旬，国家统计局发布的全国就业数据显示，16～24岁劳动调查失业率为20.4%，创了自2018年有该统计数据以来的新高。

2022年全国高校毕业生达到了1076万人，已经是历史新高了。但2023届的数据一出来：1158万人（2013年，全国高校毕业生首次接近700万人大关时，已经号称"史上最难毕业季"了）。

大环境好的时候，我们都会对齐一个好的标准，比如下海经商，比如进大厂，比如考公务员。但现如今，大环境正在发生剧烈变化，在极度不稳定的环境下，所有曾经的阳关大道，都不好走了。甚至如今已经失去了所谓成功的标准，很多人一下子没了奔头，大家集体"失范"[1]了。

怎么办？

---

[1] 失范是19世纪法国社会学家埃米尔·涂尔干（Émile Durkheim）提出的概念，指一种准规范缺乏、含混或者社会规范变化多端，以致不能为社会成员提供指导的社会情境。在这个情景下，很多人失去了标准，找不到人生的方向，陷入迷茫。

去寻找自己的生存缝隙，尤其是在标准化大路走不通的时候。

"生存缝隙"这个词，是从作家村上春树的经历中得到的灵感。就是选择自己确定、热爱的领域，哪怕它很小众，并不时髦，但是你擅长，并且坚持不懈，同时在这个过程中不断为他人创造价值，直至赢得一片自己天地的生活方式。

村上春树在1975年大学毕业时，刚好面临日本社会的动荡时期。当时他的同龄人也都以做公务员、进入大企业为职业目标。但他很清楚，自己没办法成为一个朝九晚五的打工人。因为喜欢写作和爵士乐，他通过借贷开了一间小小的爵士唱片店，白天跟妻子打很多份工，晚上在唱片店里跟同样热爱爵士乐的人现场演奏。又因着这份滋养，他慢慢开启了写作之路。

自始至终，他没有做过什么符合主流社会的选择，也没有进入过热门的行业。他把自己的这种选择叫作"生存缝隙"。

缝隙中生存的人所做的事情看起来并不是传统意义上"成功的事"，但因为他们选择了真正喜欢又擅长的事，还能给别人提供价值，就很容易得到正反馈。这些反馈会激励他们继续做下去。

在满足自己的同时，也在影响着他人。也许刚开始这件事很小，像是一条缝隙，但是坚持做，穿过那条缝隙，经过时间的沉淀和磨炼，便渐渐能打造出属于自己的坚固城墙。

这样看，生存缝隙可能是一个普通人最好的选择，因为它能够把个体价值最大化。一个人在一件事上努力，提高的是成功的机会；一群人在同一件事上努力，提高的是不成功的机会。因为资源就这么多，这就变成了同质化竞争，花同样的时间，实际产出的价值却变小了。

* * *

我有一个朋友笛子，开了一家中医馆。

她刚毕业时进了一家不错的会计所，选这个行业完全是因为这个行业在当年很热门，符合世俗意义上成功的标准。

但是她在那个所谓成功的行业里并不成功。大学时，她是重点高校的学霸。但在会计师事务所，同事们都能轻轻松松把表格做得又快又好，到了她这里却总是出问题。

经理把一堆文件摔到她面前："这就是你做的东西！"其实经理没说的那句话是，名校毕业有什么用，你的心根本不在这里。

那是笛子人生第一次对自己的价值产生了巨大的怀疑，她更加努力，努力加班，努力学习，拼命往前跑。但遗憾的是，越努力想做好，负反馈反而越多。

于是她离职了，兜兜转转大半年后去上了一门中医课。一年跟诊的时间，她几乎没有迟到过——连她自己都惊讶不已，这简直不像自己。她在诊室里拖地板、洗罐子，给患者换衣服、换鞋。她说："我做这些事的时候，开心极了！"又积累了几年，她开了一所中医馆，一做就是5年。5年后要开第二所中医馆的时候，老股东想投资都排不上队。

这就是一个人找到生存缝隙之后的状态。那里可能乍一看并不宽阔，不是世俗意义上定义好的宽阔，你会听到各种外界的质疑，包括你自己的。但只要保持这份专注，假以时日，这件事的价值一定会继续放大。

复旦大学中文系教授梁永安老师有一次来参加我们的活动，说了一个观点："现在我们正处于从差距化社会往差异化社会转变的过程中。"

未来社会里，人和人比的是"差异"。十年后一个人的价值，不是他地位比别人高多少，而是他和别人有多么不同。

它需要我们有非常精细化的专业能力，需要具有以"跟他人不同"为荣的创新精神。

通过缝隙最大化发挥自己的个体价值，就是我们这一生跟别人最大的不同。

5. 把时间花在最重要的事情上

我创业之前，跟财经作家吴晓波先生搭档了11年，他是我职业生涯中最重要的老师之一，潜移默化中留给了我很多看似微小却隆重的道理。

比如以前经常跟他去拜访客户，别人称赞他："吴老师，您的《大败局》写得太好了，《激荡三十年》写得太好了！"

他每次都嘿嘿笑："嘻，我也不会干别的。"

最开始听，觉得他是谦虚，很久之后，我才听出了里面的味道。他是一次次在跟自己和这个世界说："我安身立命的本领，就是写作。"

世人看到的是光鲜成功的财经作家，我们看到的则是成功作家背后那条并不好走的路。甚至可以说，我们看到的是一个普通人的选择和坚持。

1997年吴晓波老师写了第一本书，卖得并不好，印了三四千册，大概有一半都送人了。2007年我刚进公司那会儿，看到在仓库的一角，那些书被塞在纸箱子里积灰，已经出版10年了，都没送完。

为什么会继续写呢？我问他。

他告诉我，因为写作使他感到快乐，这也是他比较擅长的事儿。他给了自己一个长期的承诺——如果把写作当作自己的职业，那么职业人最重要的是，能持续重复干一件事。没有什么一帆风顺，不过都是日复一日的坚持。

如果你真的找到生命中最重要那件事，它会在很多时候给你指引，哪怕刚开始很小、很慢，但是我们的复原力会很强，短暂的得失也不再有什么杀伤力。

后来他开始准备《激荡三十年》这本书，请经济学家张五常先生为书名题字。张五常先生跟他说："晓波，你已经40多岁了，人到40岁，其实该修炼的本领也都修炼了，接下来，你要选一件重要的事去做。因为生命很短，很快你就50岁了，很快就会60岁，所以你要把时间花在最重要的事情上。"

吴晓波老师说那次谈话对他有很深的影响。所以，写完《激荡三十年》，他又开始挑战《跌荡一百年》和《浩荡两千年》，这是慎重考虑之后做出的决定。因为这并不是一件容易的事，甚至可以说是艰难的挑战，那里有太多他的知识盲区。但是他说："我愿意花几年时间去弥补自己——这对我来说是最重要的事。"

他还反复提过一句话："每一件与众不同的绝世好东西，其实都是以无比寂寞的勤奋为前提的，要么是血，要么是汗，要么是大把大把的曼妙青春好时光。"

这句话里包含着他对于写作这件最重要的事的全部敬意。我至今还记得他跟我讲过的关于写作的一个故事。

刚开始写作，吴晓波老师还在新华社当记者。每每写稿时，都要等到晚上，拉好窗帘，沉心静气。熬夜时间一长，就导致他患了神经衰弱。很多稿件要得急，也就没有条件营造那么多"沐浴焚香"的环境，于是他就开始改为白天写作。这时又遇到了新的困难：写作需要头脑清明，白天杂事万千，很容易分神。怎么办？他想了个办法，跑到杭州大厦，找了个人来人往的冰激凌店，往里面一坐，要求自己在规定时间内必须写完2000字。刚开始他抓耳挠腮，但坚持十几次之后，就慢慢进入状态了。

于是他一路从纸媒写到了互联网，整整二十年，几乎保证了每年按时出版一本书。

我常常想起这个故事,当一个人找到自己的生存缝隙时,就会用优势视角向内定制自己的标准,知道自己是谁,往哪里去,这样就产生一个连带效应:他会变得坚毅。

* * *

很多人说:"我不喜欢现在的生活,但我不知道自己适合什么。"其实大多数成年人几乎没有什么真正的愿景,我们有目的和目标,但那不是愿景。如果你问一个成年人想要什么,很多人实际说出来的,是他不想要什么。我们会把目标作为最重要的事,赚到多少钱,实现多少利润,考到多少分,这些目标是合理的,但它只应该作为实现愿景的手段。如果把它作为内在的追求,作为最重要那件事,它会让我们变得脆弱。因为这些太容易受到外部影响而产生变化了。

这一点从30万优势星球的用户身上也得到了验证。在他们提出的各种问题中,被提到最多的关键词是"定位"。不管是定位还是愿景,都指向了"生命中最重要的事"。

现在那些佛系、躺平的人,在某种程度上是对生活和工作的抗拒。容易放弃只是现象,背后的本质是始终没有找到自己心中的那个"确定"。

哲学家陈嘉映在《走出唯一真理观》中讲过一句话："你要深入自身之中，了解你真正相信的是什么。你实实在在相信一些什么，你为自己相信的东西做点儿什么。只要你愿意，不见得必被大势裹挟。"这就是应对动荡时代的最好的逻辑，是我们这些普通人在这个时代最好的机会。这个最好，不是最快，也不是最宽广，但是这条缝隙之路，是独属于你的，你坚持走，对你来说，它的价值就会越来越大。在你天赋优势所在的地方投入时间，时间的回报会被看到。

我们往往会高估一年的变化，而低估十年的成就。用优势向内定制自身的标准，知道自己是谁，往哪里去，然后一直走，也是眼下对于我们这些时代洪流中的个体而言最适合的选择。

6. 先满足自己，才能成功

我们经常会赋予改变一些宽阔深邃的描述，比如接纳自己、与自己和解后，人生发生了改变。这些描述过于深奥和抽象，常常让人们觉得改变很难。

我想用一个更简单的表达方式来描述这一变化。

一个人的改变就发生在：<u>从先满足别人的需求，到先满足自己的需求。</u>

这些年我做了很多短视频分享这个理念：你要知道自己是谁，先满足自己，定义自己的路。

有些人得到了鼓励，但也有些人很生气。为什么鼓励大家"满足自己，顺应自己"会让人生气呢？

当我把"差评们"集中起来发现：

一些管理者生气的是：你鼓励员工做自己？是让他来跟我对抗吗？他业绩完成了吗？"90后"已经够不好管了，你别添乱了。

一些长辈生气的是：就是要跟随集体的意志啊，这才最安全，你随随便便鼓励别人去开辟自己的小道，这不是祸害人吗？

一些家长生气的是：我辛辛苦苦忍耐了那么多年，你告诉我说其实可以不用忍耐，先满足自己？你鼓励孩子满足自己？他成绩已经够差了，你就让他安心好好学习，别想这些有的没的了。

一些年轻人也生气了：做自己？你知道有多难吗？我研究生毕业如果要回老家开个小店，就会觉得我对不起爸妈的养育。如果我不沿着社会阶层往上走，在道德意义上就是背叛。

每一句话都在说，你得先成功，才能满足自己。而事实是相反的：你得先满足自己，才能成功。

哈佛大学有一项"黑马计划"，主要研究那些不走"寻常路"但取得巨大成功的人，他们把这些人叫作"黑马人士"。所谓黑马人士，听上去是用各种出其不意的方式为自己的成功开辟出独特道路的人。但学者们跟踪下来，却发现这些黑马人士成功背后的共性法则：不是对卓越的追求给他们带来了满足，而是对满足的追求才让他们走向卓越。

满足自己不是享乐，不是说单纯地满足自己的需求和感官欲望，而是发现自己的优势，认定自己的道路走下去，并把它做成功。

*　*　*

我曾经跟一位编剧老师有过一次交流，他花了十多年的时间，才找到自己的生存缝隙，让我印象深刻。

跟所有年轻人一样，他辗转过很多工作：他在设计公司、手机公司都上过班，也做过很多工种：票务、场地统筹……哪里有需要就去哪里。每天排得满满当当的时间表给他带来了安全感，却没有增加任何他期待的价值感。

为了提高自己的设计水平，他买了一大堆设计图书，老板看到这些书很高兴地说，虽然你能力还不太够，但是态度很好。这位编剧老师当下很难受——虽然他知道这就是一个善意的玩笑。但在当时，外部任何轻声细语的评价，都变成了"声量很大"的击打。

后来我问他，如果对当年的自己说几句话，你会说什么。

他说的其中一句是，别人笑你时，你可以不用跟着笑。

我心里一震，旋即理解了他。你跟着别人笑，就意味着在短短几秒中,你做出了一个本能的反应,你放弃了自己的某些感受,转而去附和别人的感受——他们觉得好笑呢,哪怕我觉得不舒服,也笑一笑吧。这个瞬间,就像是这位编剧老师当年职场生活的一个缩影:在自己和外界的需求之间,选择了后者。

而"不跟着别人笑",这是一个从不安到自我确认的过程。舒适与否,你自己从来都知道,为什么要跟从别人呢?

于是我问他,从各处奔波到走上编剧这条路,从"跟着别人笑"到"决定不再笑",发生了什么变化?他想了想说:"也许,就是把关注点放回到自己身上了吧,更关注自己的需求、自己的喜好。"

其实我们每个人,内心早就有答案。我从不相信一个人不知道自己喜欢什么,他只是不敢知道。因为那跟长辈的规训不一致,又或者他已经习惯了向外张望,从未仔细体会自我。

满足自己,是为了让你发现属于自己的那条路,用属于自己的方式,走到自己的位置上。在那个位置,你第一次有了自己的标准,不再会盲目地因为谁的需求和评价而慌张。因为有了这份笃定,你会建设真正有价值的标准,比如为了做出一款完美的产品,你愿意去正视市场的规则,愿意去了解用户的喜好。你把自己扔到这个世界上,弹回来,并带着万种反馈,它们不再让你慌张，反而全部成为你进步的"途径"。

万物穿过你，最终成就了你。

后来我在这位编剧的微博上看到一句话，是他告诉另外一位话剧演员的。

"你哪有困惑，你只是需要确认，愿你早日实现不再需要确认就笃定的那天。"

我猜，这句话更多是说给他自己的。

读到这里，亲爱的朋友，我猜你也在想这个问题：

"我的生存缝隙是什么？我需要先满足自己什么，才能成功？"

答案就在我们自己身上。你从小就喜欢的，一旦开始就会享受到心流、忘记时间飞逝的那件事情；你做起来感觉自己变得强大而不再脆弱的那件事情；让你变得坚韧而不是随时能放弃的那件事情……请记住这些描述，也可以准备一个笔记本，在之后的日子里，常常记录下这些时刻。

它会帮你发现，你想成为怎样的人，你想为什么而活。

第三章

职业方向，就藏在你的优势里

1. 为什么有人那么热爱工作

这几年有个词很火：上岸。

大家眼中最具代表性的"上岸"方式，可能就是考研和考公。2023年全国硕士研究生报名人数同比增长了17万人。

就业紧张，学历膨胀，考研"上岸"能让自己的就业时间变晚，让自己的就业竞争力增强；而在考公这件事上，大家的热情也是空前高涨。2022年的考公报名人数和考试人数都创下了11年来的历史新高。体制内"上岸"能让自己的就业前景更稳定，本质上也是在对抗一种不确定性。

《中国人力资本生态十年变迁白皮书（2011—2021）》的数据显示，在职场人择业时最看重的要素中，"公司实力"和"抗风险能力"的得票率从十年前的排名第六上升到了现在的第三。说白了，就是害怕不稳定，想稳稳待着。

人天然厌恶不确定性，害怕动荡，求稳是一种本能。风雨中，谁不想上一艘永不沉没的大船呢？只是，任何事物都是相对的，追求稳定的同时，不要被稳定困住——这是我们在探索优势理论时常有的一个感受。

什么叫作被困住？有句话我觉得准确地描述了"被困住"的样子。

"感觉人生最美好的六年经历了同一天。"

优势星球中有一位学员叫童萱，她在这个命题中徘徊了5年：为什么自己的工作人人都说好，自己却一直想逃跑？

看上去，童萱很幸运，生完两个小孩后，进入大学成为非在编会计。当时接受这份工作的原因有两个：一是照顾孩子方便；二是介绍人极力推荐。

我们后来问她，你喜欢这份工作吗？

她说，我没想清楚，当时忙着照顾孩子，每天晕头转向，觉得工作稳定挺好的。

童萱没料到的是，当时没心思想的这个问题，接下来，她花了5年时间去想。

在外人看来，在那一刻，她已经上了一艘很稳定的大船，人生已经尘埃落定——有份稳定体面的工作。虽说月薪不高，但胜在时间充裕，按时上下班，特别适合带孩子。还有寒暑假，简直完美。——对很多女性来说，这符合一份好工作的标准，能够平衡事业和家庭。

但慢慢地，别人眼中的完美，对童萱来说，成了不敢爆发的崩溃。财务要谨慎，对数据敏感，但童萱看着表格里的数据，却常常走神。

每一天，她都逼迫着自己正襟危坐，认真工作。她隐约觉得自己不适合这份工作。但为什么不适合，什么又是适合的，其实很少有人能条理清晰地说明白。

正是因为说不清楚这些，5年时间里，童萱每次想要离职，都常常被身边人说服。

老公会说："你离职了，孩子接送怎么办？疫情变化大，要是不给你发工资怎么办？寒暑假孩子谁带？"

姐姐会说："你都快40岁了，差不多拿点工资就行了，要什么发展？"

曾经的工作介绍人——她家里很有权威的长辈说："你老公工作刚稳定，现在又遇见疫情，俩孩子寒暑假怎么办？房贷怎么办？财务这么好的岗位，职业地位这么高，你能不能成熟一点？为什么要随便离职？"

结果，辞职没辞成，童萱倒反省起自己的矫情。大环境这么不稳定，有份朝九晚五还能顾上家庭的稳定工作已经不错了。反省之后，她又能再坚持干一段时间。

在英文中"busy"的意思是忙碌，"work"的意思是工作，但"busywork"的意思是消磨时间的工作。也只是消磨了时间而已。

夜深人静的时候，童萱偶尔还是会琢磨，为什么自己做不下去呢？

童萱的问题，代表着千万职场人的疑问。

为什么不想做这份工作？为什么做不下去这样一份别人看上去那么好的工作？而我适合的又是什么？是否老天也赏了我一口饭吃？

电影《一代宗师》中有句特别出名的台词：见自己，见众生，见天地。

但这几年，我见过这么多人，在一个又一个个体的、具体的生活中游走，会有种感觉——见自己，似乎是最难的。一个人活到这把年纪，哪怕能见天地、见众生，恐怕都不能见自己。

2022年4月，童萱找到我们，在5小时的深度咨询和6周

42天的求职陪伴中,她终于理解了为什么别人眼里求之不得的工作,对她来说是一种消耗。

童萱的优势中没有分析力优势,她天生就没有条分缕析的能力。对她来说,报表可以学、可以做,但每天对着数据工作,更多的是无聊和煎熬。她的优势是学习力、交往力、共情力和目标力,交往和共情是关系维度的优势,这会驱动她自然而然地更向往人与人的联结沟通,而不是表格里一动不动冰冷的数据。梳理之后的结论,让童萱有了一个之前没想到过的视角:自己的优势和岗位并不匹配。

但这并没有出乎我们的意料,优势和岗位不匹配,是职场很常见的一种现象。毕竟,我们都是赤膊上阵,没接受过什么特别的职业规划。如果一个人在做与自己优势违背的工作,她再怎么说服自己,也不会真的爱上。

有一位投资界的前辈,源码资本的合伙人郑云端写了《管理者跃迁的十条铁律》,其中有这么一条:"如果想在职场长期发展,务必深刻理解职场竞争力的四维模型:知识、经验、能力和动力。其中,能力和动力才是显著区别于其他人的关键得分项目。"

这个点很有意思，我们很容易以知识、经验来筛选简历，日常员工评价也多集中在能力上，但往往忽略了一个关键因素——动力。

对很多企业来说，特别是HR，动力是一个很虚的词。怎么评价？怎么判断？就看是不是喜欢吗？

这几年下来，我们试着回答这个问题：动力本质上就是你的优势，它是你天生做一件事就比其他10 000个人做得好，是你对这个世界天生的反应和行为模式。

做一件事，你是热情满满，还是意兴阑珊，有时候并不取决于它是不是一份外界认同的好工作，而取决于你的动力。

2. 真正的职业只有一个：找到自我

这些年，在优势星球，有超过30万人像童萱一样，重新理解了自己的"本能反应"不是要消灭的问题，反而是要发挥好的优势。

比如，我脑子里老是天马行空的，最受不了条条框框，领导批评我，说你别总是破坏规则，我现在理解了，原来是因为我有创新力的优势；我最害怕开会冷场，总想着让大家感受都好一些，别人还没开口，大概就能猜到他的需求是什么，在很多事情上，我好像特别敏锐，是因为我有共情力的优势；我很在乎人与人之间的关系，一旦进入需要监督、推动其他部门的岗位，简直是进入了进退两难的境地，严格执行工作要求，会担心破坏关系，要是睁一只眼闭一只眼，又完成不了工作，最后就是自我内耗，原来是因为我有交往力的优势。

小时候考试，老师总说，最可惜的是，有些同学不是不会这道题,而是没仔细审题。

我们想找到自己人生的答案,就要先仔细审好自己这道题。

上文提到的童萱,在看到自己的底层优势,理解自己的内心驱动后,跟教练一起做了三件事:

定方向:找到了自己内心真正向往的那颗北极星。

定路径:在找到北极星之后,找到通往这颗北极星的实现路径。

拿 offer:求职教练接手,一路陪跑。最终童萱拿到了一家上市集团子公司的财务咨询销售岗位。在这个岗位上,童萱能很好地发挥她的共情力和交往力,接触到企业高层,为他们提供财务咨询方案。

拿到 offer 之后,她才告知家人换工作的事情。挂了电话后,她情不自禁地大哭了一场,说"终于自由了"。

去新公司那天,她穿上正装,抹了口红,把前一天擦得干干净净的高跟鞋拿出来,一蹬脚,腰背不自觉就挺得笔直笔直的。

童萱花了5年时间,才终于理解了自己,把自己安放到了这个社会中最合适的位置上。她花了可能更长的时间，来表达清楚自己不是矫情，自己为什么不快乐，又为什么会欢呼雀跃。

我们不敢放下手中那碗不合胃口的饭，其实是因为不知道老天是不是也赏了自己一碗饭。对一个女性来说，这样的改变很不容易。她不仅是找到了一份新工作，她还是跟心中的旧世界告别，跌跌撞撞地闯进了新世界。

这个过程，一点儿也不容易。

但是人生很多时候就是这样，不容易之后，便容易起来了。有时候，通过绝境能看到新的风景。

剥极必复。

在最近一次和童萱的沟通中，我听说了她的好消息。她不仅顺利转正了，并且在试用期就被公司破格录取，加入了公司的"储备干部计划"。同时，她还成了团队的 Top Sales，薪资也比过去翻倍。

但更重要的是，新工作充分激发出了她的热情和动力。过去面对一堆冷冰冰的数字，现在和人打交道，给对方提供财务方案，她有一种退不去的兴奋感，以至半夜12点她还在回想客户提出的问题。

"我和好多客户都没聊够呢！"我很高兴听到她说这句话。

真正的职业只有一个,找到自我。

外界越是不确定,越是要首先找到你自己的确定。它的底层逻辑,是遵循自己的内心热爱和喜好,去做让自己有动力的事。因为有动力,才能持久坚韧,遇到困难总会想办法克服,每天都能遇到更好的自己。

3. 向内探求：成功画面法

林曦，是一名银行职员，也是一位妈妈。

讲她的故事是因为：你我身边一定同样有一个林曦。

林曦在银行负责贷款后续的审批工作，这是她产后复工被安排的工作。

贷款后续的工作责任非常重大，需要对数据极度敏感才能看懂表单是否有错误，如果操作错误，或者出现骗贷的行为，银行会追责到个人。林曦很负责，为了检查到位，她每次都要在一张表单上花费10分钟到20分钟的时间。

她会一遍一遍检查表单上的每一个字，她说自己认识表单上的每一个字，但是连起来却怎么也看不懂意思，她非常焦虑，越焦虑就越害怕，越害怕就越容易出错。白天的恐惧伴随着黑夜的到来，她变得很难入睡，就算睡着了也会梦到自己在检查表单。

你做一件事，是心里有底，享受它，还是战战兢兢，无论怎么努力都达不到及格线，只有你自己知道，不要幻想谁能替你告诉你自己。

现在的她，是一名芳香保健师。

接触我们之后，她做了优势测评，她的优势是行动力、交往力、学习力和驱动力。

在这个过程中，她慢慢理解了自己为什么做表单会如此痛苦，因为她没有分析优势，也就天然没有条分缕析的能力。从岗位要求来说，她必须要这样做；但是从这个人的优势来说，她真的做不了。

努力很久，也许只能到达有这种优势的人的起点。

这很让人沮丧。我们常说，好羡慕别人，老天赏饭吃。但老天给每人都赏了那口饭，只是我们一直盯着别人碗里的。那毕竟是别人的，哪怕你垂涎欲滴也吃不到。

对每个人来说，只有看回自己，别无它法。在林曦身上，随着变化的发生，这一切显得更加清楚。交往力优势，就是要在人际关系中才能获得成就感——她这才意识到，一个人闷头对着报表，为什么会让她如此痛苦。她需要的是与人面对面交流,就像现在一样,做线下活动、建社群。驱动力使得她心里面一直都有一团火,她想要创造价值,但在没有找到自己那件事之前,那团火在干烧。在驱动力的课程中,我们给她设置了一个任务,叫作找到人生的北极星。

也是在这次实践中,林曦明确了自己芳香保健师的角色。

当决定辞职的时候,之前被问过的问题再次摆在她面前,想好要做什么了吗?你看很多同事辞职之后也是徘徊不定的。

她笑着说:"想做一名芳香保健师。"

回访时,她已经考取芳香保健师职业资格证,并在线下成功举办了46次芳疗工作坊。她自己把这称作"新生"。

林曦跟我们说,这些欣喜时刻,给她带来了她从没体验过的幸福感。

这让我想起《心流》里有一句话:**"真正的幸福,是当你全心全意投入一件事,把自己置于度外的时候,获得的副产品。"**

很多人觉得最重要那件事,一定要指向一份工作、一个岗位。其实不是,最重要那件事,是一种优势的体现。比如,你在做什么类型的事情时很专注,在什么场景下很投入。

未来哪怕不是芳疗这件事,也会有很多让她觉得幸福的事情出现。对她来说，人生最重要的事，是从人际交往中获得正反馈，是跟人在一起，是对这个社会有价值，是感觉到自己为他人和社会创造的意义。

* * *

有一种向内探求的方法，我们叫作"成功画面法"。你可以花5分钟体验一下。

先闭上眼睛，放松下来，用自己感觉最舒服的姿势坐下来。

现在没有人看到你，外面的世界没有别人，只有你自己。

所以不管你是怎样的坐姿，根本没有关系，你甚至是可以躺着的，只要你舒服就好。

现在开始调整自己的呼吸。深呼吸三次，让自己的呼吸都足够的长和平滑。

随着每一次呼气、吸气，可以感觉到自己身上的每个部位都在慢慢放松。继续保持这种呼吸。在我们放松的大脑中，想象一下五年后的自己——你正在工作，你能感受到那种心灵的愉悦感。

试着告诉自己，你在做什么？有什么画面？你的愉悦感从哪里来？你在哪里？你的周围有什么？你是独自一个人还是旁边有人？如果有人，他们是谁？

如果你的画面比较模糊，没有关系，哪怕你现在没有任何画面也没有关系，只需要体会一下你刚才在某一刻感觉到的那种愉悦的状态，甚至这种感觉有可能来自你过去做的某件事情。在你做这件事情的时候，你是有心流的，你能感觉到自己很强大。感受一下这种状态，然后通过这种感受来想想，这种愉悦感来自你做的事情的哪个部分，在那个瞬间，你在做什么？

试着去捕捉到一点点画面。零星的画面都是有用的，让自己完全沉浸在那种快乐当中，画面就会出现了。你看到那个时候的自己会觉得欣慰，感到人生充满了希望。请在那个画面当中停留一下，看看自己到底在做什么。

再极端一点，想象在你生命的尽头，没有做什么事情，会让你后悔莫及？

好，请睁开眼。如果你愿意，可以趁现在记下自己的画面。记住，这是你最重要的那件事，不是你父母的，也不是任何人的。

如果你暂时没有找到，别着急。种子破土发芽前没有任何迹象，那是因为还没到那个时间点。永远相信每个人都是自己的拯救者。对自己有清晰的认知，了解自己的心智模式，了解自己的优势和擅长之处，了解自己与环境和社会的关系，从中发现自己人生中最重要的事，这是任何一个成年人必须要做的事。

这也是一个企业要做的事。长久做企业，都是聪明人下笨功夫。聪明在清楚地认识到自己和自己的企业是谁，有什么优势，想干什么，能干什么，能干成什么。接下来，就是日拱一卒，靠强大的定力，围绕"用户需求"做笨事，走长期的路。

4. 建构人生的意义：顺应你的优势

《2020大众心理健康洞察报告》数据显示，在4万多名参与问卷的人中，超过50%的人在工作中有着"无意义感"的困扰。

这两年我坚持每两周采访一个在不同行业有成果的人，与普遍的"无意义感"相反，他们深爱着自己的工作。我发现，他们身上有一个共性——"建构意义的能力"。

以2022年度现象级人物之一董宇辉为例，他是新东方的主播，凭借自己的功力和才华，把新东方从教育到带货直播的转型决策完美实现了。

他非常励志，也有很多高光时刻。

但董宇辉说，所有励志的故事都有一个悲伤的开头。

不能做老师对他来说是巨大的打击。转型做主播后，他特别不适应。经历过的人都知道，从线下转线上其实是很痛苦的。在线下讲课，你一转头就有一两百双眼睛看着你。眼睛是心灵的窗户,你看着它,就理解什么叫一个灵魂撼动另一个灵魂。但直播,特别是没什么人观看的直播,没人回应你,你看不到任何心灵的窗户。

董宇辉因痛苦而失眠的时候,就绕着北大校园的外圈一遍遍走。

这就是任何人都可能遇到的一个低谷。在那个低谷里,你经历着惊心动魄,而世界一无所知;你翻山越岭,而天地寂静无声。人生说到底,是一场一个人的战争。

在这种战争中,有可能是两种人生叙事在交锋。

一种人生叙事是:我工作做得好好的,赛道没有了,我有什么办法,太惨了。在这种人生叙事下,人会抱怨,会消极,动力在被动的人生叙事中是绝对生长不出来的。

另一种人生叙事是:在这份工作中,我努力去找到,甚至是创造它的意义。在这种人生叙事下,人会行动,会重新出发。

董宇辉在最难的时候,找到了支撑自己的动力:助人的意义感。他自己是农村孩子,知道农村正在发生什么,村里全是小孩,青年人都在外面打工。于是他们帮助革命老区的人卖苹果,一箱苹果几块钱的利润。一晚上如果卖个一万箱呢?农民看病的钱、老人吃药的钱、孩子上学的钱就有了,这就是意义。如果通过卖农产品让青年人愿意返乡，让孩子有人陪伴，让老人也有人照顾，这就有意义，就能让他有成就感。他找到了工作中的意义。

最触动我的地方就在这里，一个人从逆境中走出，从来不是靠什么踩着五彩祥云的英雄，最能带他走出黑暗，走向光明的是自己。

顺应自我，才有最深沉、最持久的动力。

董宇辉身上有很多驱动力优势者的影子：做任何事情要先明确这件事的意义，被价值观感召，被使命召唤，日拱一卒，朝着心中的北极星一点点前进。

※ ※ ※

很多教育工作者都是驱动力优势者，他们与德国著名哲学家卡尔·西奥多·雅斯贝尔斯（Karl Theodor Jaspers）的那句话互为回音：

"教育的本质是一棵树摇动另一棵树，一朵云推动另一朵云，一个灵魂召唤另一个灵魂。"

董宇辉说过几乎一模一样的话："如果有一天东方甄选离

了我不受任何影响，我身体也实在扛不下去了，存款也够过正常的生活，我可能会找一个经济欠发达的地方去支教。我想回到熟悉的地方。为什么还是想回到课堂？看到自己的投入能够改变一个又一个真实的人，会带给我快乐。上一次综艺或是突然给我一笔巨款，我当然也会开心，但开心是有高下之分的，帮助人、改变人的快乐，对我来说更直接、更强烈，在这个过程中，我能看到教育的意义。"

如果你让他用"1、2、3上链接"的方式直播，他一定会因为找不到这件事的意义感而放弃。但现在，他在直播间"讲课"，他在内心完成了一种意义的建构：换了一个地方做教育。他既实现了新东方转型的大目标，又创造了适合自己优势的微环境。

他完成了自身优势和职业的高度匹配，工作动力由此产生。

每个人都能找到自己的人生意义，它建构在自己的优势之上，你要不停地洞察：什么事会真正地激发你，让你哪怕辛苦也在所不辞？

也许是让世界变得"好玩有意思"，也许是让他人活得更健康，也许是"尊重事实，还原真相"，都好，只要它属于你。

法律人罗翔老师写过一句话："心音为意，日立为音，这种心中的声音提醒我们向阳而生，光辉烈烈。意义（meaning）是一个现在进行时，一旦我们终结对意义的思考，人生也就难免卑劣与刻薄（mean），工作也迟早成为一种折磨。"

不要听信任何人对你命运的安排，只看向你自己——每个人的追求不同，是因为我们的人生意义都只需要也只能建构在自己的优势上，在此之上，为他人提供帮助，为社会创造价值，就是这个虚无时代里的一束光。

5. 让工作卓越的秘诀

为什么同样一件事,别人能做好,而你怎么努力也做不好?

在回答这个问题前,先讲一个发生在美国前总统艾森豪威尔身上的故事。

在成为总统前,艾森豪威尔是欧洲盟军最高统帅。那时候的他一直是新闻媒体的宠儿。不管记者提出什么问题,艾森豪威尔将军都从容地对答如流。他的记者招待会以这种独特的风格出名。

十年后,艾森豪威尔当上了总统,事态却急转直下:当年曾对他十分崇拜的同一批记者,这时却公开瞧不起他。他们抱怨说,他从不正面回答问题,总是在那儿喋喋不休地胡侃。他们嘲笑艾森豪威尔回答问题时语无伦次,不合乎语法,糟蹋标准英语。

为什么会这样?从对答如流到语无伦次发生了什么?

是成为总统之后的艾森豪威尔不再努力了吗？

当然不是，原因在于，艾森豪威尔不知道自己曾经是怎么成功的。

他十年前之所以表现出色，是因为在召开记者会之前的半个小时，他的助手会拿到所有的问题，并且以书面形式提交。如此一来，他就能提前掌握所有的信息，提前思考准备。

十年后他成了总统，也许是因为看到他的两个前任罗斯福和杜鲁门总统都是即兴回答问题，艾森豪威尔觉得也要像他们一样。

于是他开始尝试一种全新的方式，没有准备，直接在记者招待会上回答问题。他努力"随机应变"，努力"滔滔不绝"，然而越努力越糟糕。原因仅仅是每个人处理信息的方式不一样，有人擅长即兴回答问题，是听者型；有人擅长深思熟虑之后回答，是读者型。

艾森豪威尔不知道的是，他属于第二种。

管理大师德鲁克先生针对这个故事，说了这样一句话："对很多人来说，我们并不知道自己是为什么成功的。"当我们不知道自己怎么成功时，我们也就不知道自己什么时候突然失败了。

这就回答了开头的那个问题：为什么同样一件事，别人能做好，而你怎么努力也做不好？多数人的第一反应是"因为我还不够努力"。

我们从小接受的观点是："吃得苦中苦，方为人上人。""勤能补拙。"但也许你努力了很久，发现还是跟不上节奏，没有取得成果。你隐约开始怀疑，这件事是不是自己天生就不擅长，这时候，有一句更扎心的话跟了上来："以你的努力程度，根本没到拼天赋的地步。"

如果你对这些话深信不疑，然后咬着牙羞愧地努力，你会发现越努力越累，而且结果也好不到哪儿去。因为努力不是做成一件事的唯一条件。

比如考证，有的人天生喜欢思考，擅长梳理重点，举一反三，把教材翻一遍就能轻松考过。有的人一看到知识点就犯困，报班培训、熬夜复习、不停做笔记，结果一到考试，大脑还是一片空白。

谁更努力？

努力和方向，得有个先后顺序。努力之前，方向要对。

方向不对，光靠努力坚持不了太久。大多数人的"不够努力",不是因为不想,而是因为不能。努力不了,因为这事跟你的优势无关。

《聊斋志异》的作者蒲松龄,连续多次参加科举考试都失败了。为了激励自己,他在家门口挂上对联:

有志者,事竟成,破釜沉舟,百二秦关终属楚。
苦心人,天不负,卧薪尝胆,三千越甲可吞吴。

蒲松龄写完后,第三次落榜;三年后又去考,第四次落榜。

尺有所短,寸有所长,每个人的大脑内部结构是不一样的,所擅长的领域也是不一样的。蒲松龄参加科考多次落榜,但转头写志怪小说,格外顺畅,"写鬼写妖高人一等,刺贪刺虐入骨三分"。这才有了《聊斋志异》,流传至今。

方向对了,你甚至会发现,成功并不需要"太努力"。

美国内布拉斯加州立大学做了一项研究,用三年时间,训练1000人的阅读能力。结果发现,本身就有阅读优势的人,在经过训练后,每分钟能读2900个单词,是那些同样也经过训练但没有阅读优势的人的整整20倍。

有毅力,首先得有"易力"——你的优势,就是你做任何一件事比其他人上手要快,做得要好,让事情变容易的能力。

很多成功者兢兢业业,如陆羽研究茶,郎朗弹钢琴,科比打篮球,任正非经营企业……外人觉得他们很努力很辛苦,其实他们本人乐在其中。累是身体上的,心里很快乐,表现出来就是格外有毅力,不会遇到点困难就放弃。

他们能持久有效地努力,前提是努力在点上,也就是在自己的优势上。

6. 学会拒绝做不擅长的事

在我们公司,有一个激发大家主动去匹配优势和职业的规则:你可以拒绝做不擅长的事。

我的一些管理者朋友常常为此表示担心:"组织需要高效完成目标。这样一来,大家都挑挑拣拣,会不会很难管理啊?"

不仅不会,反而更能激活同事们的积极性。如果强势地把任务压下去,成员们为了外在压力而勉强答应的事情,再怎么努力,也只会"完成",绝不会"完美"。反而当他们自主选择时,责任心和创造力都会得到提升——掌控力是内在动力的源泉。

因此,这个规则有后半句:当你说清楚不想用什么方式做事情时,同时要告诉大家,你想用什么方式做事情。

你可能会不认同,公司难道是我开的吗?我想用什么方式就用什么方式?

是的。只要你能准确找到你最有效能感的方式，那就放手去试。

职场节目《跃上高阶职场》里的一位选手名叫八月，在一众素人嘉宾中很出挑，因为她入职没几天就拒绝了加班要求。

她在广告公司做文案工作。客户第二天要方案，组员说我们晚上讨论一下。八月直接拒绝，我不通宵，我从不通宵。

看到这儿，网友们异常振奋，弹幕纷纷点赞："反内卷第一人。"

我后来跟她聊天时问过这事儿："你当时怎么就那么直接地说出来了呢？"她说："因为我太知道自己了，晚上脑子完全不转，效率也特别低，我觉得这是在浪费时间。"

所以她早上早早到公司，在大家来之前把文案写完。不只写完，还是内部评选第一，客户、老板都满意。

我问她，一直都是这样特立独行吗？问完我就觉得自己不对，一个遵守自己作息的人，我竟然想用"特立独行"这个词来形容。

她说："其实刚入行那会儿是严格遵守其他人的标准，一味想要满足别人的要求。但是后来发现，很别扭，也有过很多情绪内耗。后来慢慢发现，那样可能不会出错，但它永远不会成为最好的那个。我按照自己的节奏来，因为我的节奏里一定有某种独特的东西。"

说实话，第一次她当着客户的面说"我从不通宵"的时候，同事们包括管理者肯定都不舒服。但是她觉得别人舒不舒服这不是最重要的，重要的是结果。她跟我说："一下子不会被接受，但是当我不断这样做的时候，会形成独特的我，最终会被大家接受。"

当她把漂亮的文案抛出来，第二次、第三次、第四次……大家从不舒服变成了佩服。

八月在做的就是顺应自己的优势，优化自己的工作方式——这是一个积极的自我管理过程。

她的优势排在第一位的，是引领力。有引领力的人天生就是掌舵者，自己定方向，出节奏。让她按照既定规则按部就班，就相当于摁着"机长"一直做"乘客"。如果内心明明想做主，还一味地顺应其他人的节奏，那一定会内耗。

她排名靠前的，还有创新力，是天生有无穷无尽的点子的创意达人。但是对这类人来说，创意要在相对轻松的环境下才能产生，过度紧张反而会限制创意的产生。在节目里，八月做组长的那个小组，一直都是最松弛的，早早开工，提前收工，还能健身休息，她一直强调，"我们要把好作品给玩出来"。

所以她一直在做的事是创造适合自己的职场微环境。

职场大环境始终追求发展，要完成目标，要实现用户价值，这都无可厚非；但日常的工作生活中，创造出最符合自己优势的微环境，却是我们每个人最重要的职责。因为它不仅能更高效地实现目标，还能让我们在工作中自在松弛，不内耗。

职场大环境相对显性，集中体现在 KPI 和 ROI，它由市场环境和公司目标主导；职场微环境相对隐性，聚焦在你的内在优势，不要指望其他人比你更了解你自己，你是微环境的第一负责人。

有了这个视角，再去看周围环境，你会发现我们每个人都处在"自我优势"和"社会规训"的冲撞中。

有性格强势的女生，跟客户唇枪舌剑，连续谈判，最终拿下案子，却被周围人议论和讽刺："现在的女生都这么霸道、这么强势了吗？"有技术专家，因为不喜欢应酬，被领导提醒是不是可以多和同行接触。有非常擅长人际交往的主管，却被下属议论："整天到处参加饭局，不爱学习，浮躁……"

如果我们不知道自己是靠什么成功,那么内向者试着变得开朗,开朗者学习安静,霸气者要求自己少言,少言者逼着自己多语……每个人都在努力地成为别人。

而那些发现了自我优势的人,他们的反应是这样的——

强势的女生说,你们说我强势,不,我只是引领力强,我擅长做决策,敢于拍板,这是我一路走来总能拿下大项目的原因。

技术专家说,我不擅长应酬,是因为我更擅长一个人闷头分析,所以技术方面我总是领先。

"浮躁"的管理者说,我不是不爱学习,我只是不适合坐在屋里啃书本,我是人际学习者,跟人学的时候最有收获。

而我在自我怀疑中过了很多年之后,才终于敢在被质疑时说:"管理不止强势一种风格,我擅长用共情凝聚人心。"

7. 每个人都有自己独特的领导力

优势和职业不匹配，造成的职业发展受阻，还集中体现在"管理者"身上。这些年最常遇到的管理问题，是很多新手管理者觉得"自己不适合管理"。在他们心里有一整套"管理模版"，一旦管理工作遇到点失败，就立即怀疑自己："我这种人，是不是不适合做管理。"

刚刚当上管理者的伊伊，面临着来自上级的不满：太不自信、软弱、没有领导力。

伊伊说自己最早做管理的那段时间，就像是一只热锅上的蚂蚁。明明是一个管理者，却成了最称职的打工人，办公室到处都有人呼喊她的名字寻求帮助。处理完团队里各位的问题，大家心满意足下班了，她才能坐下来想自己的事儿，但已经精疲力尽，想不动了。像伊伊这样的共情力优势者最容易成为团队里的救火队员。

伊伊的老板,是一个引领力特别强的人,非常强硬,他说:"慈不掌兵,做管理就得强硬,树立威严,嘻嘻哈哈能做好事吗?一个人的精力是有限的,如果你被日常细节耗尽,还怎么做正确的决策,把握业务方向呢?"

于是伊伊给自己立了一个 flag,要做一个不讲感情只讲事情的"灭绝师太"。她觉得这才符合我们大多数人认知中好的管理者的样子:雷厉风行、善于决断、侃侃而谈、胜券在握。

如果你也这样认为,那我想告诉你一个坏消息和一个好消息。

坏消息是,你永远也达不到这样的标准,如果你不是这样的人。伊伊试了一段时间,更难受。她天生性格温和,交往力和共情力都很强,不擅长拒绝别人。让她不留情地批评人,给别人下命令,带来的情感冲突,会反噬她。

好消息是,你不一定非要达到标准,才是一名好的管理者。

《创造》的作者托尼·法德尔(Tony Fadell)是苹果公司和乔布斯背后的功臣,是 iPod 之父和 iPhone 联合开发者,他把职场30年的起伏浓缩成了这本书。其中有句话,是他从设计师转型做管理后的心得："你就是你，如果你只有完全重新规划你的个性才能成为一名管理者，那么这将永远是一种表演，你不会对这个角色感到舒适。"

我做了这么久的职场服务，服务一个又一个个体，越来越意识到，其实我们很难"改变"。

我们表现出来的所谓的"改变"，是内心某种东西的释放，它一直都在那里，只是非常微弱，随着我们的境遇和经历，它被释放了出来，小火苗变大了。对待自己也一样，不要总想着让自己改头换面，就回到起点，用自己真实的价值去填补这个世界的多样性。

不要把时间花在怀疑自己适不适合做管理上，请把时间花在找到适合自己的管理风格上。给伊伊做优势定位时，像她这类共情力优势的管理者，有一种非常适合她的管理风格，叫作"教练式管理"，即通过激发他人潜力，来做管理。

曾任IBM中国区渠道总经理、微软中国公司总经理的吴士宏说，有很多人问她，年轻人不好管怎么办。她就一句话："你管他干嘛，你激发他。"这是一个"无用才是大用"的武功秘籍。

比如员工跑来求助，你要按捺住自己直接想给答案的热切的心，问他三个问题：

- 这个问题，你怎么看？
- 你有什么解决方案吗？
- 还有什么更好的解决方案吗？

在此基础上，再补充建议。

对共情力强的管理者来说，管理可能不是控制，而是激发。

2023年2月6日，星云大师圆寂，在他2013年就写好的遗嘱中，有这么一段话："我一生，人家都以为我创业艰难，事实上我觉得非常简易；因为集体创作，我只是众中之一，做时全力以赴，结果自然随缘。许多人以为我善于管理，事实上我只是懂得'无为而治'。感谢大家互助合作，除了戒律与法制，我们都没有权力去管理别人。"

这特别适合共情优势的管理者，他们本性就很擅长赋能别人，是天生的"整合者"。他们在乎人和人之间的关系，在意每个人的感受。如果没把握好尺度，他们就会变成救火队员；把握好了，他们是真正的领袖。

因为他们在乎人。对他们来说，领导无关职位或是流程图，而是一个生命影响了另一个生命。教练式管理恰好符合他们的特质，因为赋能别人成长，对他们来说是最有成就感的事情。

找到了属于自己的管理风格后,伊伊说最大的收获是重建了对自己的认识:"我是我,拥有关系维度就是我的优势,所以我可以去感知情绪,学习去拿到需求,并且积极给出解决方案,不管黑猫白猫,能抓老鼠的就是好猫。"

* * *

每个人都有自己独特的领导力,优势和管理的匹配关系决定了你在管理上是否能做到卓越。

我最初入行时,做财经图书策划编辑,有幸近距离接触了不少卓有成就的企业家和管理者。那时候渐渐有个发现:那些外界看上去光鲜强大的管理者,并没有"固定"的形象,他们性格各异,有些强势,有些内向,有些老好人,有些天马行空。但这完全不影响他们成为卓越的人才。

他们的行业、气质、出身都不同,但他们有一个共同点:不是被"管理"这个词固化,而是把管理跟自己的风格融为一体,去引领团队实现共同目标。

"找到属于你自己的管理风格"这个理念拯救过我,直到今天,在能量不够、自我怀疑的时候,它仍然如黑暗中一道光,照亮我,提醒我不要四处寻找,要看向自己。把优势发挥到极致,看自己的长板到底有多长。

我开始践行"管理不是控制,是激发"后,当同事通过我的提问找到了自己的答案,心满意足地走出我的办公室时,我常常有种感觉:天哪!怎么会这么有成就感。

管理对我来说,开始变得有意思了。就像组织发展理论创始人沃伦·本尼斯(Warren G. Bennis)所说的那句话:"领导力就像美,它难以定义,但当你看到时,你就知道。"

不要去追寻固定的管理模式,先顺应好自己的优势,当你开始相信自己的长板是自己最大的瑰宝,那自然而然,你会相信,每个人都有自己的一个宝盒。

管理是一次寻宝,帮助每个人找到自己的宝盒,你不会再要求自己顶着事事完美的管控压力,因为你知道,没有完美的个人,但是有优势互补的完美团队。前提是,这个组织在你的带领下,能激发出每个人的优势。

只要心里怀抱着想要成就他人的心愿,这就是一个完美领导者的开始。

请尽情发挥自己的优势力,做一个别具一格又卓有成效的领导者吧!

8. "不适合"背后的真问题和假问题

很多人都有一个困扰："我好像没有什么优势。"

其实发现优势,有一个简单的逆向思维法:从你身上的缺点开始。

莉莎曾是我课程的学员,她对自己有一个坚定的判断:"我不适合朝九晚五的工作。"于是她在八年间换了十份工作,每份工作都持续不到一年。

当身为设计师的莉莎拒绝了同事交来的运营工作时,没想到同事竟然又是发火又是哭。莉莎特别排斥这种被别人"要挟"的感觉,就离职了。当她换到大平台做设计师后,发现大平台人多,意见也多,没有设计标准,各种指令满天飞,到最后一团乱,她自己还延误了工作。

此时莉莎觉得,同事、工作、环境,都有问题。

一旦生活中的某个局部被我们抓出来当替罪羊，那么它的命运只有一个——被放逐、赶走或杀掉。如果替罪羊是外部环境，那我们就离开那个环境，比如换工作。

莉莎跟姐姐开店，员工出问题，她就发火批评员工，另外两个合伙人就批评她：你这种性格不容许别人犯错啊。类似的冲突多了，她又辞职，拆伙。再后来，她找到一份新工作，打算好好干，可是跟打配合的同事总是谈不拢，跟领导在任务分配上也总有分歧。她索性又辞职，回家生孩子。

回顾过去这八年间重复上演的剧情，莉莎忽然打了个冷颤："会不会是我有问题？是我的性格暴躁又纠结，不擅长沟通，跟别人无法合作。"

如果你找的替罪羊是同事或者老板，你可以躲开他们；如果替罪羊是工作，你可以不工作。那如果替罪羊是你自己呢？你可能会进入一种自卑的状态，用莉莎自己的话说，像是惊弓之鸟，不敢再迈进职场，对人际冲突和协作没有任何信心，在家里也是能不沟通就尽量不沟通。

在和我们做咨询时，她认为自己不擅长沟通。生活中多数不擅长沟通，不喜欢表达的人，都会把"内向"拉出来做替罪羊，"没办法，是我太内向了"。

心理咨询中的一个专业术语，叫作"主诉问题"。主诉问题就是激发一个人开始咨询的那个问题，可能是失业，可能是失恋，可能是失眠。但是成熟的咨询师也都知道，这个迫使来访者来做咨询的主诉问题，通常只是某个大问题的其中一个层面，或者根本就是真正问题的替罪羊。如何区分真身和替罪羊呢？我把这两者叫作真问题和假问题。

那"莉莎不擅长沟通"这个假问题背后的真问题是什么？

比如老板总是拒绝我的方案，他故意针对我。所以我就很讨厌他，跟他对着干，或者摆烂，上班很痛苦，这可能是一个假问题。真问题也许是：老板在跟你的关系中，总是感觉没有安全感，他怕失去权力。

不擅长表达是假问题，不擅长有逻辑的表达，才是真问题。

内向的人并不是天然不适合表达。

知名辩手席瑞提到过他在辩论界见过太多内向的人。"内向，不爱说话，不是没有语言能力，其中一个原因，是觉得不公平。比如在工作环境里，强势的人的话语权就是比弱势的人要大，说一句话就够对方难受两天，也不用照顾对方的情绪。再比如生活中绝大多数的讲道理，其实最终都是以搅浑水作为终局，没办法尽可能展开。因为生活中也没有人给你三五分钟的发言时间，可能你说两句他就会打断你，然后两个人就扭打在一起。"席瑞说，"我没有办法在短时间内用一些很粗糙的语言直接人身攻击对方，来获得道德和对话上的优势，我没有办法做到这一点。这种环境下，我没办法表达。因为这种表达沟通，根本不取决于话语内容。但在辩论里不一样，持方是抽的，时间是平均的，不管你是教授专家，还是学生普通人，都必须有且只有这三分钟的发言时间，非常公平。所有说话的内容都必须基于逻辑和道理。"

内向者对周围的情绪非常敏锐，如果沟通中夹杂着各种情绪，会极大干扰他们的思考，进而影响语言的组织。所以有一些看过我视频的朋友，和我近距离接触后，可能会有些失望，会发现我怎么不像视频里那么温暖。在日常聊天中，我的话很少，跟人总是保持一定的距离。相比较那些说话语速很快、风趣幽默的人，我就很呆，只会跟着傻笑。

我花了很久很久，才意识到我不是不擅长表达。我也擅长表达，擅长相对有序的、经过思考的深度表达，比如写书。

席瑞也一样，在后来走的每一步中，他给自己创造了一次又一次适合逻辑表达的环境，如辩论、讲课、写文章——这是一个内向者对于表达交出的满分答卷。一个内向者，成了一名职业表达者。

* * *

一个人是没有优点和缺点的，只有一个中性的特点，其实就是我们一直说的优势。

优势是一个中性词。对内向者而言，优势是共情力很高，情绪极度敏感，所以在情绪浓度很高的沟通氛围中（比如暴力沟通或者夹杂着人情世故的沟通），我们会优先选择满足对方的情绪（哪怕事后会非常后悔），但这就是优势，是天生的反应模式。这时候，我们可能会回避沟通，或者是没办法顺畅表达，这就是优势没有发挥到位。

不要小瞧这个觉察，如果意识到这一点，你就会知道只要外环境相对适合，或者内环境修炼得更加强大，内向者的敏感细腻，在意对方的情绪和需求，这些曾经一度被人们认为的障碍，反而会成为他表达时的巨大优势——我们常说，一些人洞察力特别强，可能就是因为内向。

这就是为什么，你以为的缺点，可能是你隐藏的优势。

如果不看到这个，它会影响你职业发展的很多关键选择。

我们很容易因为某个单一的原因否定自己的工作。看到局部的问题，就解决局部的问题，但局部的问题甚至不是真问题，它只是你工作的替罪羊。

我们乐于抓替罪羊，因为它可以转移焦点，是我们大脑中快思考的结果，我们能迅速归因，速战速决，以为自己解决了问题。也许我们会得到短暂的轻松，维持一段时间当下的生活。有时候是有积极意义的，我好像解决了问题，我又可以继续生活一段时间了。

但也有些人，当她想要改变时，会因为长期锚定不了或者锚定错了真问题，而让生活陷入一种无力感。比如莉莎觉得，是自己沟通有问题。当她想逃离工作时，这个替罪羊很有效，她可以持续维持"自己沟通有问题"这个现状，不用直面任何互动。"我没办法胜任工作，因为我有沟通问题"，这样就可以一直不选择工作，即使选择工作也想选个兼职，选个沟通场景少的。

但当她想要真的进入职场，好好创造一番成就时，她必须面对一个选择：找到替罪羊背后的真身，那个真正对生活有助益的部分。

为什么会沟通有问题？细想下去，会觉得是自己这个人有问题——性格问题。

有时候我们会狠狠地自我批判,觉得自己有各种问题。但是,自责跟自我负责,是完全不同的两件事。自我负责,是一种自我关怀,不评判不打压,找到那个中性词,看向真问题。

我们的优势教练跟莉莎花了不少的时间,来探讨她的能力和擅长之处。在莉莎的叙事语境中,她对人的忍耐性特别低,特别是当对方沟通很强势时,如果对方说"你必须这么干",她就一定会强硬地撑回去,这让她在沟通中屡受挫折。在优势教练的叙事中,莉莎是一个强思维优势的人,她前四个优势中,有三个是思维优势,包括学习力、分析力和创新力。所以她是一个靠思维活着的人,表现出来其实就是脑子聪明,你看她换了那么多份工作,上手都很快,尤其擅长逻辑分析,步步推演。这个优势帮助她职场半路转型,从零开始学习前端写代码,毫无压力,甚至可以说是享受,她特别喜欢这种厘清逻辑关系,输入就能得到确定输出的工作。

如果将这个优势放在沟通中,对面有个人,很强势,直接给结论,说"你就这么干"。莉莎的大脑系统马上就报警,为什么要这么干?逻辑是什么?她会当场问,一点情面也不留,因为莉莎没有关系向的优势,在她的大脑处理系统中,没有一个环节叫作"你得给别人留面子，说点好话，再开始提意见"。这对她来说，太复杂。她满脑子只有一个关注点，这件事的逻辑是什么？有足够信息证明吗？

一旦对方没说服她，这个指令在她大脑中就等于无效信息。这也解释了为什么一旦遇到那种强势的合作方，他们一定会有冲突。

先说阶段性结果，莉莎已经在最新的工作中顺利通过试用期了，还是做前端工程师，全职，朝九晚五。跟她最早的预设不一样。

这对莉莎来说，是一次关键的职业选择。

在这之前，她从来不确定自己适合什么职业，她确定的是，自己不适合职场。

我们认为这顺序反了，先确定自己的核心能力，反复推演，前端工程师，就是之前她辞职的那个岗位，是她最喜欢也最擅长的。

因为看清楚了自己的核心能力，她对自己有了一些信心。信心比黄金还贵百倍，这像是工作中的锚，稳住了她的心神。

大环境越是不确定，越是动荡，越要往下扎根，只要有自己能坚持十年、二十年的核心能力，一个人的锚就会越来越稳。

因为有了对自己的确认，再遇到沟通上的冲突，莉莎第一反应不是觉得自己有问题，逃跑，而是开始分析，分析遇到了什么情况，对方的优势跟自己的优势是不是有冲突，要怎么解决。

一个人用自省替代了自责，因为她知道，所谓的缺点，是我未经驯服的优势。这时候，她的生活松动了，有了改变的可能性。

现在请你思考自己的优点和缺点并写下来，一排是自己的缺点，一排是自己的优点。然后，请你把这两排词互相连线。

你觉得自己暴躁，去连线行动力强；你觉得自己焦虑，去连线目标力强；你觉得自己过度敏感、玻璃心，去连线感受力强。然后在这两栏的中间，写出你的优势，那是一个中性词，它是你对自己的一种自我关怀，它同时也在向你展示你的能力所在。

在这个基础上，再去做一次又一次人生的关键职业选择。

9. 信息能力：找工作时的关键能力

在职业发展中，很多人还会遇到另外一个问题：我有能力有动力，但是找不到适合自己的工作。

王蕊原先所处的行业，是因为"双减"政策遭遇动荡的教培行业。

在这之前，她在教培行业已经摸爬滚打了八年，从一开始的课程顾问，一路做到知名少儿编程公司的大区运营总监。按照她自己的规划，不出意外的话，会一直在教培行业深耕下去。

但行业变天了。

外行人都以为是这个行业忽然有政策变动，也就能理解他们的手足无措。但是王蕊说，其实回想起来，也不是一下子震动的，其实从2020年就隐约能感到行业环境出现了变化。

一直合作的B端客户做着做着，会突然撤资，不做加盟了。认识的一些行业里做教培项目的投资人和她说："再做个一年左右，就要考虑转型了。"

她听进去了，不是没想过转行去做其他工作，但一触及具体去做什么的时候，思维就会暂停，不敢也不愿意往下想了："我做这行做了这么久，对其他行业完全不了解，公司现在还有业务可以做，那就先做下去。"

直到政策下来，组织架构大调整，原先负责的线下门店业务从核心业务变成边缘业务，她认为必须得考虑转行了。没想到的是，现实比她预料的还要糟。

一个月的时间，她投了上百份简历，也有公司给面试机会、给 offer 的，但都是些陌生的行业。王蕊特别蒙，她不知道自己能干什么。把她带到今天这个位置的业务能力，并不能把她带到明天，这种感觉会让人慌张，产生自我怀疑。

我们和她聊："有一种可能性你没看到，这跟你的业务能力没关系，却跟你的信息能力最相关。你根本就不知道这个世界上有多少工作。"

我遇到很多人，都是在高光行业衰落中重新规划职业的。

如果一个个案例看下来，我们会以为这是行业特殊性造成的。但把信息联结到一起看会发现，这不是一两个行业的事情，这是一个周期的事情。其实任何行业都会遇到周期，都会在穿越周期的时候，遇到各种各样的动荡。所以，哪怕你今天没有遇到这个问题，我们不能保证你永远不会遇到。

在这个过程中，有人恐慌大环境不稳定，有人抱怨自己运气不好，有人看衰，有人叹气，但也有人在这个过程中看到了信息的重要性。

信息即权力，信息即决策。

我们站在人生的十字路口，为什么是左拐而不是直行，这些决定是经过大脑处理完信息之后做出的。理想汽车CEO曾经有一篇专访很火，他特别强调了一个观点：人和人之间的差别是信息获取的能力和信息处理的能力。

不论放到公司组织，还是个人身上，都一样。做正确的决定，这不是运气，而是一种能力。了解信息，甄别信息，分析信息，辅助自己做出正确的决策，这就是我们常常归结为好运气的一种能力。

信息包含两个维度：

向外看，周期趋势，行业岗位；

向内看，动力喜欢，能力擅长。

你看到了多少？又看明白了多少？

很多人认为自己不喜欢工作，事实上他压根儿就不知道这世界上有多少种工作，固执地以为自己看到的世界，就是世界的全貌了。这里有第三个职业观：最适合你的工作，你可能还不知道它的存在。

行业周期的波动不可避免，这两年是房地产行业、互联网、教培，明年或许就是你所在的行业。我们唯一能做的是，尽量用我们的小周期，去匹配大周期，尊重周期，顺势而为。

有一次和喻颖正聊天，我很好奇他怎么做到这些的——20岁成为校园首富，毕业后投身房地产行业；35岁把公司卖给上市公司；40岁开始做公众号"孤独大脑"，现在是一个教育公司的CEO。

他一直在换行业、换领域，并且看上去做得都还不错。

老喻反问我："你相信会有跨界吗？还是说你相信，其实一个人一辈子做的是同一件事儿，不管他怎么变来变去。"

我说："我相信表面千变万化，底层仍然会有一些东西始终有微妙的联结。"

"对，如果我能够实现一次跨界，我就可以实现所有的跨界。"他用一位作家的话总结。

拆解一下这句话，跨界能成功，其实需要两种信息共同支撑。

第一是向内看。分析自身的优势和内核。

举个例子，老喻的优势之一是分析力。他身上的"抽丝剥茧，挖掘底层规律"的能力，是底层有分析力的人抑制不住的本能。

"我是一个做题爱好者，特别喜欢解题，也喜欢问为什么。"他说这是自己的内核。行业可以换，职业可以换，能越换越好的基础，是认识到自己那些稳固不变的可迁移能力。

第二是向外看。了解和研究外面的世界都在发生什么。

老喻早年从事房地产行业的时候，起点很低，也没什么资源，从帮别人干活开始。于是他开始研究地产行业，然后发现地产公司的很多专业环节，比如前期的市场研究、规划设计、营销、工程等，都是外包的。既然这样，那地产公司到底在干什么？其实就是干两件事，一是整合资源，二是根据这些资源进行决策。

"有点像包饺子，一边是原料，另外一边得包起来。"有人做地产公司靠资源，靠人脉；有人做地产公司靠分析，靠逻辑。

老喻是后者。这就是顺势而为。

这个"势"有两层意思：首先向内看，顺应自己的优势。了解自己的动力和能力，喜欢和擅长的事情，这是微观的势。其次向外看，是更大的局面，包括趋势、行业、赛道、经济周期，用自己的势去匹配外部环境的势。

很多身在职场很多年的人，虽然取得了一定的职业成就，但其实都还不具备这种能力。风平浪静的时候都还好，一旦环境巨变，起了风浪，就不知道自己该何去何从。

前文提到的王蕊，后来就做了这两件事：向内看和向外看。

这几个问题，我也想请正在看书的你一起回答。

向内看：那个一直吸引我持续做下去的动力是什么？有哪些能力是我很突出的，总能帮我拿到好结果的？

向外看：了解行业未来的发展模式吗？了解行业增长率吗？分析过行业处于周期中的哪个阶段吗？纵观过行业的产业链吗？

10. 我们应该有怎样的职业观

真正好的行业是被挑选出来的,所以需要用长远眼光去看待。做好行业洞察,能够保证我们下一次选择行业时至少具有比较高的确定性。

通过内外信息的不断拓展,教练阶段性地给王蕊提供了属于她的职业发展方案。深入沟通后,王蕊最终选择了儿童游乐园行业业务总监的岗位。

这个匹配,有其深意所在。

表面上来看,王蕊做的是线下教培行业区域总监,行业不见了,岗位就不见了,所以她的经验就用不上了。

如果用破除行业壁垒的思路,就是去其他行业找类似岗位,看上去似乎思路打开了,但其实需要更多的信息分析。

因为经营一家校区和经营一家奶茶店的逻辑是不一样的,要从几个大方向去研究,比如用户人群、商业逻辑、组织的气质。所以同样是营销总监的能力模型，也得适配到具体的合适的行业岗位，成为儿童游乐行业业务总监所需要的调配的能力，是和王蕊之前的岗位趋于一致的。

这对跨界的人来说，很重要，是她信心的来源。

能力匹配、岗位匹配之余，行业的发展空间是否处于上升周期，也是重要信息之一。

这些信息整合到一起，才是王蕊最终对这个方案感到满意的原因。

用她自己的话来说，比起找到一份新的工作，她其实是经历了一次破局。

什么局？认知的局。

"认知局限"这个词这些年已经被说烂了，但是大道至简，就是这么个道理。

多数时候，我们也和王蕊一样，进入一个行业、一个岗位之后，感觉像是进入了一根细长的职业管道，看上去是在往前走，但是一旦这根管道断了，下一根管道就很难接上。

但如果我们有足够的信息获取和处理机制，那么职业生涯对我们来说，是点与点的联结，就像乔布斯把生活比作"把人生的这些点串起来"（connecting the dots），它是一次主动性的布局。

这就像是，我们偶尔抬头望向星空，哪怕有时候因为天气原因，看不见满天繁星，你也知道星空一直在，银河向来都有迹可循。

多少时候，我们在原地踱步，以为走到了死胡同。如果你从上帝视角俯视，会发现这个人怎么在一个小花园里来回踱步，怎么不出去走走，外面风景多好啊！

仅仅是因为不知道外界的信息。

破除当下的难，要做的，就是要带着可迁移的底层能力，去跨越信息壁垒，在混乱的表象背后发现有序的规则。

还是那句话："很多人认为自己不喜欢工作，事实上他压根儿就不知道这世界上有多少种工作，固执地以为自己看到的世界，就是世界的全貌了。"

而一旦破了这个局，我们会赫然发现天地的广阔，我们穿越了风暴，就不再是原来那个人了。

尼采说，在自己身上，克服这个时代。

我们老说，要做自己人生的主导者。什么叫作主导者？就是有能力为自己的人生做出一个又一个正确决定的角色。

换句话说，做自己人生的合格的主导者，一个重要的能力，是做正确决策的能力。

读到这里,你大概能理解下面的这张图了。这张图是我们基于优势理论为职场人梳理的新职业观。

优势星球新职业观

图中的这三个圈,其中的"动力",代表的就是在优势匹配的基础上,你更有动力在相应职业上长期工作,"能力"代表的是"擅长",当你在做自己优势匹配的事,天然更有效能,也更容易被该职业带来的成就感吸引。

通用电气前董事长兼 CEO 杰克·韦尔奇先生有句话:"把你的生活想象成两条路,一条路代表着你擅长的事情,另一条代表着你喜欢做的事情。现在想象一下两条路交叉的情景。你的幸福与你的能力实现了交叉,这个交叉点,就是你构建职业生涯最理想的地方。"

这两条路,分别就是动力和能力,它们是向内的视角。现在我们加入了一个新的元素,叫做"信息",它代表了外部视角,包括行业信息,职业信息和社会发展趋势。

  这三个圈的交叉点,就是你的理想职业所在。也许不一定完美,但理想的意思是站在那个位置,你总会感到生活有盼头。

第四章

用优势视角，拥抱人际差异

1. 职场关系：尊重彼此，而不是当成工具人

为什么人和人之间总是充满冲突？

因为我们把"不同"视为"错误"。

我们的文化属于集体主义文化，这导致我们对"不一样"特别敏感。小时候别人都穿校服，如果你没穿，是要罚站挨批评的；长大了大家都结婚生子，如果你没跟上趟，那是很丢脸的；领导者都是说一不二，雷厉风行，你瞻前顾后，就是你不对。

不一样让我们感到焦虑和紧张，感到恐惧，甚至觉得是一种威胁。

我们希望同事或搭档跟我们想要的一致，他要更有大局观，他要更上进、更有野心，他做事应该更有条理……

只要是"不一样"，在我们潜意识里就等于"错误"。

既然是"错误"，就总想着要改正它。但问题就在这里，

对方不是一道算术题，算错了，橡皮一擦就没了；对方是一个人，有自己生活多年的根深蒂固的价值观，有独属于自己的优势，怎么"改正"呢？

如果每个人都想纠正对方，那必定会陷入一次又一次无力的冲突中。

我常在讲课时讲这句话：

"<u>很多时候，一个人提出辞职，不一定是他不爱这份工作了，而是在这个组织中，他失去了沟通的欲望，他放弃了通过沟通推进任何事情的欲望。</u>"

每一次讲这句话，台下不管是员工还是管理者都猛烈点头。

人们赞同这个观点，却说不出为什么会这样。

我有个同事小黄，她非常拥护我们公司的愿景，工作负责，很多同事都很信任她。

但就是这样重要的伙伴，入职两年之后，曾经离开过我们。

小黄的共情力特别强，很容易理解别人的需求，任何任务给到她，她都能理解，然后就接了。又因为她想要得到别人的认可，不会拒绝，任务越接越多。最多的时候，她同时在做多门课的运营和研发。

结果是，每一件事都没有做出理想的成绩。

于是她鼓起勇气跟公司反馈。

但我们这些管理者呢，在当时并没有真的听到她的声音，想当然地认为，这就是工作要求啊，你做不到就是没有达到工作要求。那个时候，我们被一些固有观念束缚，比如，脆弱是不好的，情绪化是要改的。我们管理者给小黄的全都是负面反馈，还美其名曰"为你好"。

于是本身就敏感的她在那一瞬间，把所有信息全部解读为对她这个人的否定——"大概是我这个人不行，所以才做不到吧。"

所以职场关系常常充满冲突的原因就是我们没有做到尊重彼此。

后来她带着对自己的否定和对我们的失望离职了。

那些未被表达的情绪永远不会真正消失，它们只是被暂时埋藏，有朝一日会以更强烈的形式爆发。

后来我开始做优势教育，越理解优势，就越理解管理大师德鲁克先生的理念：管理者的任务不是去改变人。管理者的任务，在于运用每一个人的才干，把他放到合适的位置。

后来小黄的直属上级邀请她回来。

她问我们:"我能行吗?"我们说:"你能行。"

有这个底气,是因为我们给小黄做了一份优势使用说明书。因为"看到不一样",开始做到不一样了。

在给小黄定期的工作反馈中,多了很多诸如此类的声音:

"你是真正意义上的整合者,能整合产品、销售、运营等多方需求,非常擅长倾听。"

"不仅如此,你还能对各方需求做出恰当的反馈。"

"你有感同身受的能力,对待不同的声音,你总能保持善意和开放。"

而这些,恰恰是管理者曾经给她贴的"软弱"标签,现在我们知道了,这就是共情力优势者的特征。

小黄最直接的感受是,她"被看见了"。被看见,意味着感受到了欣赏和认同。连带着,她对工作的感受也发生了变化。以前加班、完成业绩,对她而言更多是出于"应该",就像是学生考试,不得不考。

现在,是出于"爱"。她说:"当我们感到被爱着的时候,就会变得更好。"

大概是有了安全感,小黄对"严厉批评"的接纳度也更高了。有一次项目失败,她主动跟我说,由复盘来看,她还是不够成熟，在多头管理情境下，没有掌握自己的节奏。

以前为了改变她的"玻璃心"，我们耳提面命，最终她离职而去；如今我们认同了"玻璃心"的价值，她反而自己开始优化"玻璃心"。

你不再想着改变一个人时，改变反而自己发生了。

《第五项修炼》里有句话："人们从不抗拒改变，人们抗拒的是被改变。"

她说："你们给我提供了满满的情绪价值。"

那是我第一次意识到，原来认同彼此的差异，就意味着能提供情绪价值。

* * *

心理学给情绪价值的定义是：

<u>情绪价值 = 积极的情绪体验 − 消极的情绪体验</u>

情绪价值就是引发正面情绪的能力。正面情绪包括感到被尊重、被理解，消除无聊，构建意义。

从这个角度来看，提供情绪价值是现代管理者最重要的工作之一。

因为时代正在变化中。

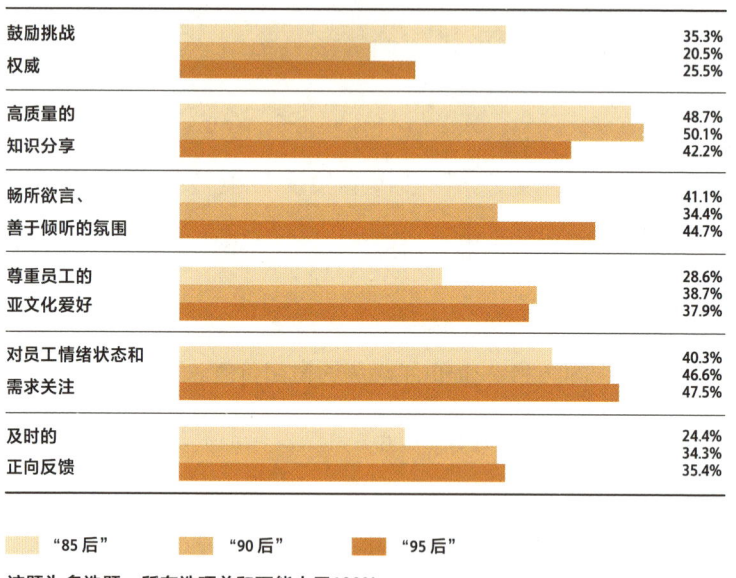

工作体验要素	"85后"	"90后"	"95后"
鼓励挑战权威	35.3%	20.5%	25.5%
高质量的知识分享	48.7%	50.1%	42.2%
畅所欲言、善于倾听的氛围	41.1%	34.4%	44.7%
尊重员工的亚文化爱好	28.6%	38.7%	37.9%
对员工情绪状态和需求关注	40.3%	46.6%	47.5%
及时的正向反馈	24.4%	34.3%	35.4%

该题为多选题，所有选项总和可能大于100%

年轻人对工作体验的重视程度

现在"90后""00后"逐渐成为职场的主力军。他们多是独生子女，在被养育的过程中，有时候会面对多个老人照顾一个孩子的情况，需求被更多人照顾到，这给了他们强调个体价值的自信。BOSS直聘研究院的一个数据表明，64%的"95后"认为，工作中的个人价值感比对组织的贡献更重要。

他们的父母一代多数已经积累了一定物质条件，生理需求和安全需求几乎对他们不构成任何威胁，他们更多的精力都放在马斯洛需求中的最上面几项，比如社交需求、尊重需求和自我实现。

对他们来说，工作不开心，就可以随时走人。

前程无忧网站发布的《2021离职与调薪调研报告》里有一个结论："90后"员工比例越高的公司，员工的平均离职率也会越高。BOSS直聘研究院也提供了类似的结论：员工越年轻越爱跳槽，从"70后"到"00后"，第一份工作的平均在职时间不断缩短，从84个月降到了11个月。

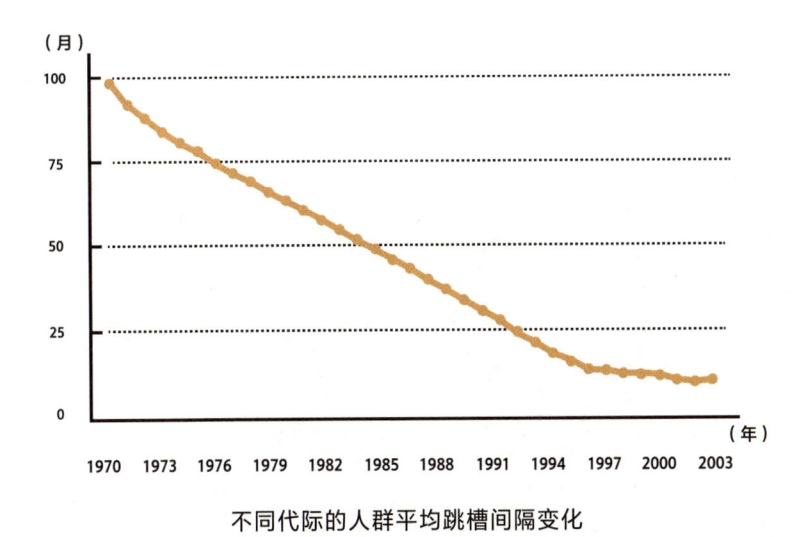

不同代际的人群平均跳槽间隔变化

同时，外在环境也进一步引发了变化。2022年人才趋势报告显示，疫情改变了人们的优先事项，接受调研的人群中，59%的人认为为了快乐和幸福感，他们可以选择牺牲金钱。

也就是说，在这个时代，人们更注重个体感受，这是对管理者提出了新的要求和挑战。

2. 要给下属提供情绪价值吗

我有一条比较火爆的短视频，播放量超过700万，收到了5000多条评论。视频标题就叫作"情绪价值是第一生产力"。年轻人在评论区不断表示赞同："对！确实是这样，领导的鼓励和赞美让我更有动力。"

他们很满意，这就是我的心里话，我就是这样想的！

有人欢喜就有人愁，另外一批人却因此愁眉不展，是管理者。

一个国内头部医疗机构的市场负责人刘总特地来找我探讨过这个问题。

他说，三五年前，自己对"情绪价值"这个词完全不关注，工作讲究专业能力，有理有据说完想法就应该各自完成自己的工作，这一两年开始明显感觉到，如果在工作中完全忽视情绪价值，事情好像都做不太好。

你硬塞下去一个任务，如果得不到很好的理解，就得不到很好的执行；同事们一旦情绪崩溃，可能就不干了，你好不容易培养的人才，就这么流失了，都会影响最终的工作成果。

这位管理者说，他刚入行那会儿，理解也要做，不理解也要做。到今天，这话怎么不管用了呢？

看了我那条"情绪价值是第一生产力"的视频后，他觉得很有道理——员工们都是"00后"了，老模式可能是得改改了，要多提供一些情绪价值。

也就改变了最多三天吧，新问题就出现了。"我给不了情绪价值啊。我们这些中高层管理者就是夹心饼干。在工作中，上面有老板盯死业绩，没有借口，只有实干，下面有团队不高兴就不干，前面有客户要服务周全、笑容以待。中层管理者差不多正值壮年，回到家，上有老人要照顾周全，下有孩子要耐心陪伴。情绪劳动都过载了，得时刻克制，否则一个不小心，自己就爆炸了，让我给你情绪价值，我哪儿来的情绪价值？"

刘总几句话，说出了无数管理者的困境。中层管理者的确是职场中压力较大的一个群体。

哥伦比亚大学梅尔曼公共卫生学院的博士生塞思·普林斯领导完成了一项研究。研究人员对超过2万名全职员工做了调研，包含职场的不同职级。

研究人员发现，主管和经理患抑郁症的可能性最高，分别是19%和16%，企业主和普通员工分别是11%和12%，而焦虑的情况更明显，企业主和普通员工的焦虑率分别是2%和5%，主管和经理的焦虑率分别是11%和7%。

领导者情绪劳动的强度相当于必须持续"微笑服务"的一线人员。

想想也能理解，常规认知中，对于管理者是有一定期望的，"要情绪稳定，为团队提供情感支持和提升团队的幸福感是管理者的工作职责"。可是，面对员工的情绪，管理者不知所措甚至精疲力尽时，又如何为团队提供所谓的情绪价值呢？

对于这个问题，"优势管理课"的学员们用亲身经历给予了回答：

情绪价值不是从自己身上硬往外掏，而是人和人之间自然流淌出来的。<u>这里就有一个前提，你能真正地拥抱差异，看见和认可员工的个体价值。</u>

优势课程有一个学员叫张冀,她是一个互联网公司的运营主管。她能做到管理岗的一个很重要的原因是,做事靠谱。

做管理之后,难度马上升级。以前更多的是做事,事情再怎么难,也总有解。现在是要处理复杂的人和事。而人的问题就复杂多了。

她和同事罗英,怎么都配合不好。罗英负责研发的一个重点产品,总是延期。张冀快急死了,跟罗英的日常沟通就是"要抓紧,怎么又推迟了,你都在干嘛呀?"一天天下来,她也能感觉到罗英的状态越来越差。

罗英状态越差,张冀就越着急:"事儿都没干好,你在这儿闹情绪!闹情绪能解决问题吗?"

这时候,谁要是跟她说,员工需要正反馈,情绪价值是第一生产力,她肯定爆炸——没干好活儿,哪里来的正反馈?眼看着两个人进入了死循环,她哭丧着脸来上课。

破局点出现在张冀自己身上。课后,她逐渐接受了一个事实:自己跟罗英是很不一样的人。"知道"人和人不一样,跟"接受"人和人不一样,中间的距离大概是赤道和北极的距离。

张冀是典型的目标力优势者,关注事情和结果,只有达到目标,她才能真的松口气。让她在事情做好之前就表扬下属,对她来说是一种消耗。

罗英是共情力和交往力优势者,她不是不想做事,但是她做事的动力,来自满足别人的需求。张冀是她的顶头上司,自然而然成为她全部的关注点。

这就好像进入了一个死局,领导的需求,她一时满足不了,这就变成了她的卡点,她很焦虑,更做不好事情。

于是张冀找罗英谈话:"你需要的,我给不了。但是我现在理解,这不是你的错,也不是我的错,只是我们不一样。我们可以基于这种不同一起来想办法。你想要的情绪需求有人能给。"

罗英问:"谁?"

"用户。"

张冀请罗英建立一个深度用户调研机制,每天浸泡在用户中,收集产品的建议和正反馈。"如果你的动力来自满足他人的需求,那么请用120分的力气,去满足用户需求。"她甚至借用了优势星球的产品观:"在用户需求上玩命地服务他们。"

果然这一招起作用了。在用户对产品给出的反馈里,有些是即刻就能满足的需求,罗英有动力了;有些天然就是真情实意的感谢,罗英被满足了;有些是需要沉淀分析的建议,罗英带着积攒的正反馈，这时候也有底气了。

结果呢，之前快两个月没出来的产品，现在只用了一个月就上线了。

张冀很大的一个触动来自她似乎是做了什么了不起的事，但是好像也没做什么。

更让她触动的是，罗英给了她一个反馈："老板，我理解了之前为什么我们总是产生冲突，你不是不想照顾我的情绪，而是你做不到，这不是你擅长的，你的优势就是目标力，拆解目标，实现目标，势必达成。其实在这个组织里，正是因为你拼尽全力守护目标，我们才能有所缓冲。你是在替我们抵挡焦虑。"

这是人与人之间最深切、最难得的愿望。看见别人，也看见自己。管理者不需要一味承担，也毋需一味付出。员工不需要一味忍受，也不必一直推脱。职场中，真正的看见是接纳彼此的工作模式，认可彼此的个体价值。

彼得·德鲁克认为，发挥领导力的关键在于对"人"的尊重。

他在《他们不是雇员，他们是人》中说道："对任何组织而言，伟大的关键在于寻找人的潜能并花时间去开发潜能。如果失去了对人的尊重，这里的开发潜能很可能被理解成仅仅为了组织的绩效而把人视为使用的工具。只有恢复对人的尊重，才可能真正把人的才能释放出来。"

这个释放，不仅是面向员工，也是对管理者自身的释放。

我们先要了解自己的优势，同时了解他人的优势，然后找到优势匹配的合作方式。在这个过程中，情绪价值可能自然而然就流淌出来了，甚至不需要从自己身上硬挖出来。

情绪价值是在人和人之间长出来的。看见不同人身上的价值并认可，这是最高级别的尊重。

3. 沟通：企业管理的过去、现在与未来

前文分享过一个数据，管理者焦虑、抑郁的比例高于员工。

我服务的学员基本上也集中在管理者这个群体，我给他们的一个建议，是你得找个人聊一聊。

在你的生活中，有一个人，你可以坦诚地跟他对话，你相信他会听见你，理解你。哪怕只有这么一个人，那么任何时候，你都不至于从崖边跌落。

对于身在职场的各位朋友，我希望你们能聊的那个人，是你们身边的人，比如下属、同事、老板，他们就在你工作的现场，这是最有效率也最治愈的方法。

因为很多的崩溃都来自他们，工作让你不开心，就要跟工作中的人一起解决。

因为他们是你的伙伴，伙伴是能撑一把的人。伙伴会彼此冲突，伙伴也会互相消解。

职场研究里,"沟通"是一个很重要的课题。

我的经验告诉我,聊一聊,会让很多事儿变容易。但很多职场人很抗拒这个建议,他们觉得领导的沟通只是训话,同事的沟通就是提需求,自己的沟通只会引发别人的误解。

所以问题不在于不能沟通,而在于我们不懂得如何沟通。沟通是一种流淌,信息的流淌,不被误解;情绪的流淌,不被抵抗。

好的沟通,是带着我的需求,走向你的需求。

我旁观过不少管理者沟通。那不是沟通,相反,更像是在训话。

只说我要什么,你就做什么。这样很容易碰钉子,尤其是你面对的是边界感很强的"90后""00后"时。

刘川是优势课程的一名学员,拥有4年管理经验。

他的引领力很强,做事说一不二,又特别注重细节。如果忽然想起什么进度不知情,他会觉得非常烦躁,马上跑到同事面前当面质询。当他从销售部门轮岗到集团新的市场部门,他能明显感觉到市场部的年轻团队对他不耐烦。

渐渐地，他发现自己变成了一个空转的发动机，他要一个数据，对方给他一个数据，多一个字都没有。他也发火："你们就不能主动点吗？"

对方会主动多写三句话。

推一推，再动一动。

有意思的地方就在这里，当你要求一个人主动点，他按照你的要求主动了，可你说，他这算是主动还是被动呢？

其实就是管理上经常遇到的问题：下属不服管。

刘川觉得自己就是被卡在这儿了。所有人看上去都在响应他的要求，但其实没有真的在配合他。大家只是四肢，只有他一个人是大脑。他自己也知道，这样下去，团队的发展会受限。

"我不过就是想要一个信息对齐啊，这很难吗？明明都是挺聪明的年轻人，怎么都不动脑子了呢？"

萧伯纳曾说："沟通最大的问题在于，人们想当然地认为已经沟通了。"

这哪是智商问题，这是情商问题。是情绪，在沟通中不流淌了。要流动起来，先得有人给撕个缝儿。

我们给他的建议，是去聊一聊。定期跟团队聊一聊，是一种管理方式。

我们都熟悉的网飞公司，从制度上就对"聊一聊"做了很细致的规则。在拥有超过1万名员工的网飞，公司CEO每年需要花25%的时间跟自己的下属聊一聊。他们认为，一对一的会面，能帮助管理者更好地了解员工的工作状况，能提醒管理者：下属在哪些问题的认知上和自己存在分歧。

但刘川特别抗拒："聊什么，最近工作效率这么低，一堆工作在等着做！"

这是很多管理者的卡点，业务那么多，困难那么大，我怎么能平心静气去聊天？如果一定要聊，那坐下来就聊工作，聊目标，聊还差多少业绩。

到底要聊什么呢？要聊自己，聊人。

我们建议他可以告诉员工们："我的优势排第一的，是引领力优势。我对失控有种天生的恐惧。如果我不能知道每一个细节，我总觉得这辆车就是在冲下悬崖。晚上会睡不好，人特别焦虑。告诉大家，能感觉到你们状态都不是很好，我作为一名管理者，也在学习，有时候也不确定要怎么做，唯一能确定的，是我希望带领你们一起实现目标，帮大家得到些成就感，年底拿到年终奖。想问问大家，有没有什么更好的配合方式？"

就说这些。

刘川拗不过我们的坚持，勉强去做了。他收到了一些反馈。

"外在看上去的控制狂，原来内在是因为害怕啊，有点理解了。"

"原来你每次来问我进度，我被打断，都很烦躁，是因为我跟你一样，特别不能容忍自己的进度失控。"

"但是老板，每天被你拎到办公室去事无巨细地汇报，其实挺痛苦的，我们也有自己的工作计划啊。"

刘川不想承认，却又不得不承认的是，这竟然是他管理上的高光时刻，因为他松动了一个管理的核心困局：管理者和团队的对立。

他主动走了过去，放下管理者的骄傲和傲慢，暴露了自己的盲区和恐惧——这是下属从不曾知道的，因为在很多员工心里，管理者总是高高在上，让人没有沟通的欲望。

刘川走过去聊了聊，撕开了一条口子。有裂痕，就有光会照进来。

有些员工觉得，哦，其实不是他有意为难我，各有各的难，谁都不是金刚不坏之躯，谁都有自己的软肋和盲区。有些员工觉得，哎，这个领导，不端不装，是可以多说说话的。

甚至有人主动提了自己喜欢的工作方式，有人跟刘川分享了最新的 AI 工具，有人告诉他，我们自己更喜欢这个写作软件。

松下幸之助说，企业管理过去是沟通，现在是沟通，未来还是沟通。

当你愿意跟团队打开自我，你会发现，他们比你想的要可爱，你也会变得比较自在。

这就是很多管理者的现状。职位赋予我们的，只是表面的权杖，但它绝不是能把事情做好的魔法棒。你当然可以凭借权力让所有人依照你的方式，但你会因此失去靠近新时代的可能性。

做管理，要持续学习，始终保持开放，要激活年轻人的大脑，提高他们的积极性。因为他们所掌握的信息和成长速度，可能比你想象的还要更多、更快。

时代变化，代际交替，行业更迭，客观上来讲，管理的确变复杂了，但如果把复杂问题简单化，那就是回归本质。本质是，企业是一个由人组成的组织，人是最复杂的，也是最简单的。

我们要学着表达和满足自己，以此得到爱和勇气，也希望能满足他人的需求,来实现自己的价值。人们需要彼此沟通协作,对称信息,互相支持,解决问题,前提是得知道需求在哪里。这很考验你对人的敏感度,也需要你有愿意把别人放在心里的胸怀。

如果你暂时不知道从哪儿入手,我有一个粗暴但有效的解题思路:一个人的需求,藏在他的优势里。

关系优势的人渴望被他人认同;思维优势的人享受大脑的碰撞,最怕打感情牌;行动优势的人希望最好上来就聊怎么做,什么时候做,千万别耽误时间,别绕弯子。

这些就是他们的需求。但多数时候,我们看不到,不仅看不到对方的需求,而且只能从自己的优势出发去理解这个世界。

你在乎关系,你渴望温情,所以你时常对着一个分析力优势者呐喊,你为什么这么冷漠!

再怎么呐喊,你只能体会到,这个世界最遥远的距离,就是我的感受跟你的道理之间的距离。

如果你对着一个目标力优势的同事说,你为什么这么功利,把我当成一个工具人。

再怎么呐喊,你也只能体会到,这个世界上第二遥远的距离,就是我的感受跟你的目标之间的距离。

能不孤独吗？而且还徒增误会，解决不了问题。

但如果你看到不同人的不同需求，你会体会到用魔法打败魔法的快乐。

* * *

徐翔是我们的销售团队空降过来的主管。做管理的都知道，在人才建设中，空降兵落地一直都是个挑战。

他的落地算是顺利，后来我们复盘，发现他做对了一件事，他跟每个人都"聊了聊"。

在聊之前，他做了一个准备动作。他根据自己的观察，结合自己部门成员的优势报告，做了一个表格，这相当于为"聊一聊"备课。

所以当他第一次跟同事们聊时，虽然才入职没多久，但他好像已经认识他们很久了。而有多少时候，我们做同事很久，却不过是坐在一起的陌生人。

他发现团队里有两个组长负面情绪很强烈，于是一个个聊过去。

第一个组长，一问，是他觉得不公平。"自己做了很多事,比如业绩完成得很好,也协助管理团队,带新人做培训,付出了很多,但没有得到相应的回报。"每个人都一样,需要价值感。徐翔就琢磨,自己刚刚空降过来,很需要跟这位组长互相配合,得到他的支持。这是自己的需求,那对方的需求,其实是看到自己的价值,消解委屈感。他问了一个问题:"做了这么多,你自己有收获吗?有哪些收获,能总结出来吗?"

两个人一条条梳理,最后总结出来:业绩做得好,收入变多,是在客观上获得了认可;管理协助做得多,已经升任组长,是在主观上的一种肯定。全都梳理出来,对方的气也消了。

第二个组长,一问,是她觉得委屈。任劳任怨,加班加点,结果呢,之前的主管只看目标,自己有点情绪,还被批评"矫情"。徐翔也问了一个问题:"那你的确会觉得不舒服,现在我能做些什么,为你提供服务吗?"组长眼睛红了,平静了一会儿,提了一点要求,无外乎是想少点加班,周末能陪陪孩子。但在情绪上,她明显积极了起来。

这两次沟通,之所以能做到卓有成效,是因为在沟通前下了功夫。徐翔了解了不同组长的优势,于是抓住要点:思维优势的人,在意事实论证,帮他分析事实、理清现状和思路,才是最大的激励。打感情牌没有用，对方觉得烦躁，你也白费力气。但第二位组长，恰恰需要感情牌，她是关系优势者，在意别人言语中的评价和肯定，那是她最大的激励来源。

当一个管理者没有管理章法时，遇到的复杂问题对他来说就意味着痛苦。但一旦掌握了看问题的新视角，复杂就变成了丰富，痛苦就变成了成长。

卓有成效的管理者之路，将从此刻开始。

如果你现在感到沮丧，自我怀疑，记得找个人聊一聊，带着你的需求，走向他的需求。不管是聊事还是聊人，其实沟通本质上是希望得到一次确认，确认我不是一个人。

多数时候，我们在这个复杂的世界中独自走着，我们自己解决了很多问题，应对了很多困难。我们一次次发起沟通，有时候仅仅是希望知道，我不是一个人。

海明威说，每一个人都需要有人和他开诚布公地谈心。一个人尽管可以十分英勇，但也可能十分孤独。

未来几年，整体大环境的波动一定还有延展性，我们仍然可能会遇到各种各样的"黑天鹅"事件。越是世事艰难，越需要人和人之间的彼此支撑，它是一张牢牢的网，在颠簸中兜住我们。

所谓好的关系，就是彼此间的信任。你会知道，你遇到的所有人，都是来成全你的，且看他们如何成全你。

我们互相照亮，彼此成全。

4. 最好的爱，是发现孩子的优势

一个小女孩的妈妈，有一天收到老师的建议，她说，你女儿有学习障碍症，需要治疗。

于是妈妈就带着女孩到医院，医生让女孩坐在椅子上。当着孩子的面，妈妈和医生足足讲了20分钟小女孩在学校里的糟糕表现：她总是不安生，总是晚交作业，等等。

这个医生打断了妈妈，走到小女孩身边，说："现在我要单独和你妈妈谈一下，你在这儿等一下，我们马上就回来。"然后医生就和她妈妈出去了。临出门前，医生把办公室里的收音机打开了。

走出房间，医生对妈妈说："我们就站在百叶窗外面观察一下她。"他们看见小女孩站了起来，跟随着收音机里的音乐跳起了舞。

自然而然，是生命天然的美好。

这个医生转头跟她妈妈说:"你的孩子没病,她是个舞蹈天才,让她去舞蹈学校吧。"

许多年后,这个女孩被一位教育学家采访,回忆起自己被送进舞蹈学校后的情景,她说:"我都没办法形容那里有多棒,那里有许许多多和我一样坐不住的人,我们必须在动态中才能思考。"

后来,这个孩子考入了皇家芭蕾舞蹈学校,成了知名的芭蕾舞演员,并且制作出百老汇历史上最经典的剧目《猫》和《歌剧魅影》,为上万人带去了绝妙的体验。

这位小女孩就是英国著名舞者吉莉安·琳恩(Gillian Lynne)。她的命运被这句"你的孩子没病,她是个舞蹈天才"彻底改变了。

这个故事我给很多人讲过很多遍,每个人都说,吉莉安好幸运。我们总是听到这样的故事,一个慧眼识珠的老师或者家长,发现了一个有天分的孩子,于是这个孩子成功了,他好幸运。

但其实每个人的幸运都有迹可循,它就藏在每个人的优势里。

一个七八岁的小男孩,没事就喜欢拆表、拆收音机,家里能拆的都拆了。十岁时，他把妈妈的银项链放到硝酸里溶解，提取硝酸银。一个十岁的孩子，玩电路，碰强酸，如果是你的孩子，你会怎么做？会出于安全呵斥他，还是把他当作一个破坏王？

这个孩子的家长选择了保护他的天赋，容许他做出这些出格的行为，他们在家里给孩子买了很多化学、物理仪器，给他建造了一个小小的实验室。这个孩子，就是"石墨烯驾驭者"——曹原，18岁获得中科大本科生最高荣誉奖"郭沫若奖学金"，24岁获得美国麻省理工学院的博士学位，25岁获得全凝聚态物理领域青年物理学家最高奖。

这不是一个幸运的天才儿童的故事，这是一个关于信任的故事。

信任是种选择，更是种能力。没能力信任他人的人，永远无法得到这一能力带来的巨大能量和好运。

老师发现并相信吉莉安的优势，曹原的爸妈守护了他的优势，在亲子关系中我们向来都只有一件最重要的事：帮助孩子自我发现，自我认同，自我实现，拥有幸福的人生。千万别把孩子放在一种无意义的对比中。

这对父母是一个巨大的挑战。

因为，成年人很多都是同质化竞争的产物。我们曾经的考试，用同样一套题目去筛选不同的人，没精力去顾及那个孩子是爱画画还是更擅长人际交往。我们的工作，多数时候以KPI为最高效的考核依据，来不及顾及每个员工不同的天赋秉性。有的人毫无数据意识，但是点子多；有的人不擅人际交往，但风险把控能力极强。

我们已经习惯了标准化的规训，回归到"人的独特性"，是要经过刻意练习的。

5. 新职业时代：提前帮孩子确认自我

我在跟我儿子相处的过程中，也时不时地会掉进单纯在乎结果的同质化旋涡中。

在他六七岁的时候，写作文对他来说，是一件很痛苦的事情。在写作文和看漫画之间，他一定是选择后者。有好几次，我走进房间，会发现他噌地一下把漫画书合起来。接连几次，他只要一提笔，就开始肚子痛、想喝水。

我开始认真琢磨这个问题，不是着急，而是心疼。他东摸摸西摸摸的样子，让我想起我们这些成年人在经历自己不喜欢的工作时，每个细胞都在拖延。

拖到拖不过去了，就想着赶紧敷衍过去。希望它迟点开始，快点结束。

这样必然不可能把事情做好。哪怕出于责任心，逼着自己做了，也不快乐。

我花了一段时间观察，认真想，他不喜欢写作，一定是因为他还没有在写作中找到成就感。因为我们一直在用统一的标准对待他。

我是做编辑出身的，拿过稿子提笔就改，是我的职业病。在很多个加完班的夜晚，拖着疲惫的身体回到家，拿起他的作文本——

"就写了这么点字数啊？考试的话这个字数不行啊。"

"这篇有8个错别字，你自己再检查一遍。"

"你这都没把所有画面描写清楚，这样考试要扣分的。"

如果我们在自己家里放一个录音机，录下我们每天对孩子说的话，你会发现，我们像是一个没有感情的复读机，每天致力于一件事情——"打击他对于作文的热情"。

我把我认为的标准当成了唯一的标准，早点改完，早点睡觉，你只有写成这样这样这样，才能满足我的期待。

这种反馈方式，谁也不会爱上写作文。有时候他会出于责任心，再写一篇。但多数情况下，他会慢慢讨厌写作文。

我全然忘记坐在我对面的这个小朋友，他是一个活生生的人，他有自己独特的优势，我仔细了解过他的能力模型和脾气性格吗？我又凭什么以我的标准给他确定答案呢？

为什么孩子一直在敷衍着交作业？因为家长一直在批改作业啊！

他把作文递给我的时候，眼神很像职场人："我也不知道为何要做这个方案，我也没兴趣，反正我做完了，你批作业吧。"在他们眼里，看不到渴望的光芒，看不到"我想要做一件事，我想要做好一件事"的光芒。

因为他在为你做这个方案。这种时候，就是浪费生命。不知道为什么活着，不去创造的人生，就是浪费。

我做管理十几年了，常常会遇到"交作文"的同事，他们说不上讨厌这份工作，但绝对不喜欢，更多时候是出于完成任务的责任心，面无表情地在对待一件事。

很多人年纪轻轻，就已经传递出一种不属于这个年纪的疲惫。

华大基因 CEO 尹烨有次接受采访时说："某种程度上讲，如果一个人做的事情不快乐，他就会很累，人做快乐的事情时是不累的。你知道这个世界上最傻的是什么，他可以忍受几十年的这种不快乐的人生，却不愿意奋发图强，花一年让自己变一下。"

我开始试着改变：我跟我爸妈说，这样吧，一个月内，别催他，其他的交给我。

我做的第一件事，是去观察他。他是一个共情力很强的孩子，我不小心磕到床脚，他第一时间会说，啊，一定很痛吧。没有人教过他。

有一次我出差好多天，早上醒来收到一条微信，是两块咬得乱七八糟的点心，正纳闷呢，小核桃（儿子的小名）发来一条微信："你看，我吃出了一个CC（我中文名字的拼音缩写）。"

然后又发来一条："我想你啦。"

他看《哆啦A梦》，同一部电影看了至少5遍，每一次都会看哭。

有一天睡前我跟他聊天，说起他的一个朋友要转学了，我说那你要不要再见他一次，当作告别。他忽然跟我说了一句话："就算说了再见也只会让分别变得更难过，不会减轻悲伤的感觉。"

我在黑暗里躺了30秒，有半边身体发麻，是直击心灵的感觉。由于过于激动，我结结巴巴问他："你……这句话……怎么这么好？"他轻描淡写地说："是大雄说的哦，我也觉得很好。"

我心里开始有底了。在黑暗中,有什么亮了一下。

后来我跟他聊天,我说:"小核桃,你有非常敏锐的感受能力,这是能写出好东西的很棒的天赋。你只要顺应你的感觉去写就好了。"我心里没说出的那句话是:很抱歉,在这之前,我只是把你当成一个写作文的工具人。

他没说话,我知道,他很认真地在听。

隔了几天,我听到他跟姥姥说,他有一种能力,是能感觉到一些很奇妙的东西。现在他只要把它们写出来就可以了。

他打开了一个宝箱,里面有一颗隐隐发光的宝石,他知道那是属于他的,是他自带的,但那颗宝石并不足够璀璨,如果想要这颗宝石越发闪亮,他只需要练习,不断练习,培养出自己的本领。

而又有多少人,坐在这个宝箱上。看着过往的人群,寄希望于谁给自己指明道路,全然不知,宝箱就在自己身下。

父母要做的最重要的一件事就是让孩子找到自己的宝石。这其实就是一种情绪价值,我们需要做的是激励他,看到他。

心理咨询师黄仕明说,情绪价值,是一个家庭最好的资源。如果我们没有办法去联结，去表达，让孩子内在不同的部分去流动，我们的孩子就无法发展完整的自我。

柏拉图也有一句话："一个人从小受的教育把他往哪里引导，就决定他后来往哪里走。"

这个时代，已经不是你只要考上大学，爸妈就不再管你的时代了。这个时代，是从小就要帮孩子确认自己的时代。

我有一位朋友，科幻作家郝景芳，给我们算了一笔账。

最近这几年，我们国家每年高考考生将近1000万，高等教育毕业生大约800万。其中，每年清华北大录取人数不到1万，其他"双一流"大学录取人数不到50万。因此，如果上学就是以清华北大，或者其他"双一流"大学作为仅有的目标，那只有1‰或者5%的概率，确实会非常焦虑，或者说绝大多数人都是焦虑的。

为了这个目标，孩子可能要牺牲掉很多东西，他／她的健康、他／她的乐趣、他／她的个性发展，甚至他／她的生命。

但如果面向新兴职场领域，会怎么样呢？

我们会看到，游戏行业现在每年招聘约50万人，动漫行业每年招聘约30万人，各类产品经理岗每年招聘约70万人，各类设计师岗每年招聘约150万人。仅仅这四个新兴行业或岗位，每年招聘人数就达到300万。

如果再算上其他新兴领域，科技研发、互联网运营、大数据安全、建筑设计、影视动漫、综艺娱乐、直播销售、游戏开发、生态保护、家庭陪伴、心理咨询……每年招聘人数加起来可能接近1000万。

1万清华北大录取名额和1000万新兴领域的机会，如果你是父母，你更关注哪个数字呢？

郝景芳说：''如果我们光看清华北大和其他'双一流'大学的话，我们的家长都可以崩溃了，觉得没戏了，其实关键是我们要看到一个新的职业时代正在到来。"

我们曾经跟周轶君老师合作过一门课——《向世界的好教育要方法》。周轶君老师实地考察了国内外30多所学校，把世界最好的教育方法带回来给我们分享。她一直记得一个故事：

走访印度教育时，周轶君访谈过一位印度爸爸，他出生在偏远地区，小时候聪明过人，一家人倾尽所有送他去好学校念书。学成之后他通过了一场难度极高的资格考试。他说：''通过那次考试之后，我知道自己一定会被大公司聘用，这一辈子不用愁了。"果然，他成了跨国公司高管，他儿子今年十岁，一出生就锦衣玉食，进入贵族学校轻松学习。

周轶君说，可是，你不会想到这位爸爸的担心——

"我儿子的人生将比我更难。因为我知道自己通过一场考试，这辈子就获得了成功，获得了安全感。可是他要面对的世界，你根本不知道考试在哪里，什么时候才是竞争的终点。"

未来不再有标准答案了，唯一的答案在孩子自己身上。

6. 亲密关系：先接纳，再分工

我们的语言里有一个词叫"三观不合"，这个词好像生来就有，但是它有一个很不好的暗示，不合的意思不只是"不一样"，而且是"合不来"，好像不一致的两个人就不能相处。

所以我们对伴侣的期待是：符合理想型、浪漫、懂我、上进、有趣……就像小说里描写的那样，主人公历尽千辛万苦，终于在街头转角处遇到了一个万里挑一的灵魂伴侣。

影响一个人幸福的决定性因素，不是金钱，不是名誉，而是人际关系质量。

这个结论来自哈佛大学曾做过的一个史上最长的研究项目。被研究者一部分是当时哈佛大学的学生，还有一部分是来自美国波士顿最穷的贫民窟的年轻人。

在75年的时间里，研究人员追踪了724个人的一生，这些人后来有当上总统的，有成了富豪的，有的活到90多岁健健康康，也有的穷困潦倒、药物成瘾。这项研究从1938年开始，历经4代研究员，最初的724人中仅有几十人还在世。70多年定期的走访、拍摄、问卷调查甚至医学检查，年复一年地追踪了解这些人的职场生涯、家庭生活、健康状况，研究员们从累积的几万页的数据记录中，得到了一个非常简单明确的结论：

良好的人际关系能让人更幸福、更健康。

这个结论中的"人际关系"，指的不是你有很多朋友、有不止一个伴侣，而是指你所拥有的关系的质量。质量又怎么判断呢？

负责这个项目的罗伯特博士讲了一件事。

他们的研究对象里有一位80多岁的老人，在对她的大脑进行检测后发现，她的记忆力比其他同年龄的老人要好，大脑衰退得也更慢。这位老人的伴侣关系非常好，她对另一半一直信任有加，知道对方在关键时刻能指望得上、能依靠。

这个实例告诉我们，良好人际关系的重点在于，在任何关键、重大的情况下，我们确信，对方值得信赖，可以依靠。放到实际生活中，信任却是一件要不断学习和练习的难事，因为总有各种情况会摧毁我们的信任。

优势视角也帮助过我的婚姻。

我先生读书的时候,是复旦大学日月光华论坛电影资源版版主,整理了几千部电影信息。这让我特别激动,觉得他好厉害啊。那时候我也很文艺,爱看电影。当时心存幻想,觉得两人好合适啊,想象日后一起看很多电影,琴瑟和鸣。

但相处没多久后我发现,他的阅片量大概只是我的零头。不是我看的片子有多多,而是他并没有那么爱看电影。

他爱的是分析。他喜欢把片子按照片源、类别等做好分类,打上各种各样的标签,让学校里的人能够在BBS上直接找到自己想看的电影。

他是一个分析力优势极其突出的人,分析是他最为痴迷的事情。我们家书桌旁有四把白色的椅子,其中一把变成了灰色,现在已经快要变黑了。因为他花很多时间坐在那里,输入大量信息,然后整理分析。

十几年过去了,电影多数是我自己看的。我为电影里的情节哭得天昏地暗,而他坐在书房电脑前,处理他在线笔记中几万个资料词条。

这是生活的真相。

我也曾经为此而抱怨,觉得没有找对人,我们太不一样了。有段时间，我们不断地发生冲突。每一件事情，我们都有不一样的想法："为什么要盯着电脑没完没了？""这个电影有什么好哭的？""你根本就是一个机器人，没有感情的机器人。""会不会是你想太多了，情绪太敏感？"

吵架吵到崩溃，那时候会觉得，没有人为这个家庭真的在贡献什么，我们一直在摧毁。

优势视角拯救了我们。

我花了一些时间，才慢慢理解到，他看问题靠逻辑、靠分析，我看世界靠感觉、靠行动。

后来，我们开始了真正的合作：先是接纳，再是分工。

孩子报什么幼儿园，他来做市面上的竞品分析，梳理信息，得出结论。而我去接触老师，"感觉"他们。甚至小朋友的思维训练，都分给了爸爸，我负责帮小朋友建立对人的理解和对自身情绪的感知。

不一样，可能是冲突，也可以是互补。每个人都在为家庭奉献自己擅长的那部分。因为有了优势视角，本来很不屑的对方的品质，现在因为知道自己没有，反而多了几分尊重和欣赏。

最后是融合，带着我的需求，走向他的需求。

如果我需要情感支持，会主动跟他表达："现在我很难过,不想听你的道理,你陪我出去溜达一圈吧。"

如果他需要被看见,也会尝试梳理自己:"如果你需要我的帮助,可以提供一些事实依据给我,只是情绪表达,我很难一下子理解到底发生了什么。"

在这个过程中,我理解了《高效能人士的七个习惯》的作者史蒂芬·柯维说的那句话:"爱,是一个动词,不是一种状态。"

柯维曾遇到一位男士,他很苦恼:"我的婚姻真是让我忧心忡忡,我和太太已经失去了往日的感觉,我猜我们都已经不再爱对方了。该怎么办呢?"

柯维回答说:"爱她。"

那位男士以为柯维没听清,说道:"我告诉过你,我已经没有那种感觉了。"

"那就去爱她。"

"你还没理解,我是说我已经没有了爱的感觉。"

"就是因为你已经没有了爱的感觉,所以才要去爱她。"

"可是没有爱,你让我怎么去爱呢?"

柯维说:"老兄,爱是一个动词,爱的感觉是爱的行动所带来的成果，所以请你爱她，为她服务，为她牺牲，聆听她心里的话，设身处地为她着想，欣赏她，肯定她。你愿意吗？"

我常常反复回味柯维在《高效能人士的七个习惯》中所写的一段话："在所有进步的社会中，爱都是代表动作，但消极被动的人却把爱当作一种感觉。好莱坞式的电影就常灌输这种不必为爱负责的观念——因为爱只是感觉，没有感觉，便没有爱。事实上，任由感觉左右行为是不负责任的做法。积极主动的人则以实际行动来表现爱。就像母亲忍受痛苦，把新生命带来人间，爱是牺牲奉献，不求回报。又好像父母爱护子女，无微不至，爱必须通过行动来实现，爱的感觉由此而生。"

社会心理学家卡罗尔·塔夫里斯说："爱是一种极度艰难的认识，它会让人们明白除了自己，原来这个世界上还有其他真实存在的东西。"

作家陀思妥耶夫斯基说："要爱具体的人，不要总是想着爱抽象的人。"

文森特·梵高说："我越思考越感觉到，最艺术的事情莫过于去爱人。"

史蒂芬·柯维说："爱是一个动作。"

去爱那个具体的人吧，他就在我们眼前，带着自己的优势。对方与我们的不同,也许曾让我们苦痛,但正是这些不同,组成了这斑斓的世界。

祝你在爱人和被爱之间,确认自己,照亮他人,又借着他人的光亮,让自己再次被滋养。

附 录

你的九大优势解析

1. 共情力：最能理解他人，高度包容

想象在一个会议现场，当同事说完一个观点后，全场鸦雀无声。这时候，你会坐立难安，因为你特别怕冷场。又或者是聚餐时，你也许偶尔会困惑，明明自己并不外向，参加饭局都是犹豫再三才去的，可到了现场，为什么常常不由自主承担起活跃气氛的那个角色？

这是因为你具备一种优势，叫共情力。怕冷场，是因为你似乎能对对方的尴尬感同身受。因此你会不自觉地给予他呼应和支持。旁人眼中的左右逢源，实际可能是你的社恐内核，你不是真的外向，你只是表现"得体"。

共情力优势就是理解他人特有的经历，并相应地做出回应的能力。

请注意这里有两个关键词：理解和回应。

有共情力优势的你，能敏锐地跟别人的情绪产生共鸣，你

对他人细微的情绪变化有着较高的敏感度。也正是因为如此，一般情况下你都能站在对方的立场去感受对方的想法、情感，愿意付出时间和精力去倾听、陪伴。你很容易就能进入他人的内心世界，更深刻地去体会对方的思考方式和情感变化。

因此，在你身边的人能感受到你对他们的理解，也更愿意和你分享他们的情感生活，在你的身上，他们一般都能够得到情感上的宽慰。你也许并不是八面玲珑的社交达人，但大家对你的印象，却向来都是情感充沛，体贴而值得交心，因为你真正意义上能做到"感同身受"。因为能"感知"，所以你拥有"回应"的动力和能力。

回到那个会议现场，没有共情优势的同事，他们也许会回应，但那会出于"你这个复盘逻辑不对""这个方案该怎么才能落地"，而绝不是"我该做点什么让他不要这么孤立无援"。

共情力高的人泪点普遍较低，看不得别人伤心和难过，也很善于设身处地为别人着想。这是一种天生的"体谅别人"的能力。当你看到有人陷入困境时（小到社交时的尴尬，大到人生困境），你的"感知"雷达让你很容易感受到对方当下的痛苦和无助。于是，会出现三种不同的情感反应和行为模式：

- "我希望怎么样被这个世界对待,就会如何去对待这个世界":这种共情让你联想到如果这些糟糕的事情发生在自己身上会怎样,进而想要做出一些行动来帮助他人。

- "内疚让你行动":我有一个朋友,他出差途中在路边看到了一只弱小的猫咪,回到酒店之后的几个小时里,他都为了自己没救小猫而自责。最后,他又叫车返回原地,路上还祈祷"希望小猫已经没在那里了"。结果,小猫还老老实实待在原地,他把小猫裹在衣服里,偷偷带进了酒店房间,悉心照料。不帮助别人的内疚会促使共情力者做出行动。

- "爱所有人":前面两种行动,更多集中在"自己"身上,其中当然带有对他人的善意和爱,但必须承认,其中大部分是对"自我情感"的消解。但当共情优势完成一定自我超越后,你会发现一些人,他完全超越小我,全身心为了他人而奋不顾身,比如马丁·路德·金。

包容度高、善解人意是别人对你的直观感受。由于你特别擅长站在别人的角度考虑问题，就算别人说出一些话、做出一些事情伤害了你，你也会去考虑别人这样做的原因。因为在你的内心，你更愿意相信大部分人都不会故意去伤害一个人。

抱持着这种善意，你愿意更宽容地看待别人的所作所为，更能够理解其他人。受自身优势的影响，你对他人有比较高的情感包容。而这种情感的包容一定程度上也代表着宽恕自己，你不会一直反复回想那些伤害你的人和事，满怀怨恨，而是愿意放下它们，让自己拥有轻松和洒脱。

不管是哪一种情况，当下你给他人的情感或行为上的帮助都能让对方感觉到温暖、支持和包容。

问题随之而来。

有共情力的你，很容易被他人情绪影响。像是拥有一种天生的雷达，你对他人的情绪有不自觉的"感知能力"。同样在一个会议室，有人对其他人的状态毫无感知，而你已经觉察到谁不高兴，谁不耐烦。如果没有经过"情绪边界"和"课题分离"的练习，你比较容易被别人的情绪影响，进而产生比较大的情绪波动。让共情力优势者失眠的，从来不是什么事情上的困难，而是人际中的牵绊。

你也容易因为同情对方，做出越过别人边界的行为。就算你是纯粹的利他行为，也要考虑对方的自尊心，恰到好处的行为才更有价值。询问对方需要怎样的帮助，警惕从善意出发却越过你们之间的边界做出不合适的行为。

你甚至会不断退让自己的底线。正是因为你总是能原谅别人，有时候他人可能会不断地试探你的底线，做出一些冒犯你的事情，所以适当时候要强硬起来，不宽恕他人对你的冒犯。

有时候，这会成为你内耗的原因。但值得提醒的是，你对别人情绪的共情，有可能是有偏差的。"我这样说，这样做，他一定会生气的。""他没回我信息，肯定是生气了。"——但事实真的是这样吗？不一定，这只是你的看法，它不是事实——但这个"看法"却会让你在人际关系中总是小心翼翼。

你还会因为共情偏差，而忽略自己的需求。你有时候会觉得自己应该对他人的情绪负责。因此，你可能会去讨好别人，来达到缓解情绪的目的。比如，因为感知到同事的抗拒和沮丧，你会为了安抚他的负面情绪直接退让自己的底线，哪怕你事后懊悔不已，但是再遇到同样的情况，你还是会下意识做出同样的行为。

// 职场发展建议

（1）练习课题分离

个体心理学家阿尔弗雷德·阿德勒（Alfred Adler）有一个经典的"课题分离"理论，他认为，每个人都有自己的人生课题，要想获得幸福，就把别人的课题还给别人，同时不让别人干涉自己的课题。这个理论尤其能"释放"共情力优势者。

比如，开会时老板大发雷霆，共情力高的你感同身受，甚至会过度背负，认为老板生气是由自己造成的，这让你心里负担过重，本来准备好的方案更是一个字都说不清楚。而课题分离的认知方式会把这个过程转变为：老板生气是因为他还没有理解我们讲的内容，这是他自己要处理的课题。有了这层认知剥离，你的心跳可以恢复正常，呼吸也不再急促，"而我现在最重要的任务，是把方案讲清楚，这是我在这个会上的职责"。

反复练习有奇效。

（2）校准"共情的准确性"

有时候，我们共情到的其他人的"情绪"，有可能并不是完全准确的。

比如，你给同事发信息，他没回，过了会儿却看到他在群里回了其他人的信息。

你当下认为，一定是哪里惹到对方了。因为担忧，人变得沮丧、焦虑，甚至有点气愤。

这时候，请不要继续沉浸在猜测中，去确认。

可以提醒对方："你是不是错过我的信息了，这个方案下午两点前要定稿呢。"50%的情况下，你会发现，对方可能是大大咧咧的创新力优势者，他"意念回复"了；也可能是深思熟虑的分析力优势者，他正盯着方案，想思考清楚再回复。

另外50%的情况，对方的确有情绪。也别怕，继续往前走。

从单纯共情别人的情绪，到准确共情别人的需求。这是我们校准共情准确性的一个必要动作。

"能感觉到你有点回避，是因为这个方案让你有压力吗，还是其他什么情况？我能做些什么吗？"

这会帮助你不被情绪过度干扰，且能跟他人实现合作。

最好的销售和最糟的销售，都可能是共情力优势者。前者，感知到顾客不耐烦的情绪，并穿透它，抓住情绪背后的需求；后者，在共情到情绪这一步，就已经被情绪压垮了。

利用情绪，而不是被情绪利用。

(3) 找到互补者

你可能很喜欢同类人，这让你感到安全，同样有共情力的人会是你很好的朋友，你们彼此提供温暖，互相理解对方隐秘的心思。不至于在你悲伤沮丧之时，对方瞪大了眼睛说道："啊，你想多了吧。"

但在职场搭档的选择上，你需要更多的互补者。

我自己在选择搭档时，有意识会选择有引领力的搭档，当我因为共情力而纠结时，他们总能稳准狠地做出决定——前提是你们有大方向上的共识；分析力优势者也是我的最佳搭档之一，当我深陷情绪泥潭时，他们总能思路清晰地指出本质问题。有时候，事情解决了，情绪也会随之消解。

对优势理解得越深，你越能在不同优势与你带来的交集中找到力量：

他们是来成全你的，且看他们如何成全你。

2. 交往力：天生就是自己的代言人

在人群中，你是最容易被一眼认出的，因为哪怕戴着口罩，你眉眼间的笑意都会让人一下子放松下来。这源于你内心的饱满和热烈。

如果说共情力优势者是出于"感同身受"而与人互动，那么作为交往力优势者的你，更多是出于"喜欢"，你们是真正意义上的社交达人。你喜欢与人亲近，不管是家人朋友还是同事，不管是亲近还是陌生，你跟人待在一起总是如鱼得水，你似乎天生自带社交技能，喜欢跟人聊天，擅长跟不同的人建立联结，只要你在的地方气氛立即就能暖起来。

也正是因为你有比较强烈的社交驱动，你愿意展现自我，更加擅长表现自己的优势和长处，容易吸引到喜欢和欣赏你的人，获得比较好的人缘。你享受和他们相处的时光，当他们陪伴或围绕在你身边时，你常常能感觉到快乐和满足。这能帮助你建立良好的社会支持系统，也因此，你更可能拥有相对健康的心理状态。

与人相处是给你提升能量的过程，你在人群中有松弛感。

这就解释了为什么有人参加完聚会要缓半天，有人在人群中嗨完能兴奋三天。

你真诚，愿意打破人和人的边界，不见外。

我曾经和一位交往力优势极其突出的嘉宾小南对谈过。

小南最早入行做的是财经主持人，靠着努力也加入了国内最好的财经媒体平台，但是最终他放弃了。跟他深度交流完之后，我跟他说，你的选择非常准确。

他在财经主持人这条路上做得还不错，几乎全都得益于他的"交往力"。他非常善于跟嘉宾建立联结，不止一次，一些大咖嘉宾一开始只给出5分钟沟通时间，但跟他一开始聊，总是能聊到三五个小时，而当我追问他的"社交密码"时，他想了半天，"没有啊，就是用真心换真心"。

主持人需要交往优势，小南具备了。但财经主持人需要的不仅是交往优势，还需要对数据模型的分析力和探究本质戳破真相的驱动力。小南跟我说，他最终意识到，再怎么努力，也不可能在那个领域做到卓越。

现在的他，是一名文学作家，连续出版了两本畅销书。在他的书里，字里行间全部是他基于共情力的洞察和交往力的真诚。他在我的直播间推广新书，讲自己故事的时候，每个人都跟着哭。

那次对谈完，我给他发信息："你选对了自己的路，往后只会越来越好。"

因为他很好地发挥了交往力，"愿意坦诚地表露自己"成了他的核心竞争力。

对很多人来说，袒露自我是一件很难的事情，这让他们有很强的羞耻感和隐私感。

但对交往力优势者来说不一样，你愿意让别人进入自己的生命，你的真心换得了对方的真心，他们对你产生了基于人本身的信任。这就是你对他人产生影响力的路径。

有交往力优势的人，对他人是抱有善意的。在你的内心深处，你还是觉得社会中好人要比坏人多。特别是在脱离了利益相关的环境之后，你更能够从生活的细节中发现他人的善意和友好。

基于信任的基础，你不会对他人有太多的防备，你相信只要真诚地对待他人，也能换回他人对你的真心。所以与你接触的人会发现，你喜欢谈论自己的事情，好的、不好的都愿意跟他们分享或倾诉。如果是亲近的人，你更是无所不谈。这种被信任的感觉让别人不自觉就想和你亲近。他们不需要和你虚与委蛇，在你面前他们可以卸下伪装，放松地、坦诚地和你交流。这些都会让你赢得他人的喜爱，拥有健康的人际交往模式。

优势有发挥得好的时候，就有发挥得不好的时候，因为你天生的"爱分享"，有时候，你容易被误认为"爱抢风头"。

在主动地表达自己的过程中，你有可能会忽略了其他人。所以你也需要留一些时间和空间给他人，倾听他人，给他人一些表现自己的机会。

你也有可能因为对待他人过度热情，而模糊了人际边界。

与他人的交往过程中，你需要留意自己是否过于热情，无法把握"热情、关心"和"干涉、控制"的界限。有时候你可能是出于热心而帮助他人，但是你也需要询问他人"你是否需要帮助？"，而不是忙着幻想他需要什么。

你容易信任他人，喜欢向别人说很多事情，但有时候过度暴露自己对他人来说也是一种冒犯行为，容易让别人感觉不适或是对别人造成压力，所以你也需要注意自我表露的程度和边界。

因为并不是每个人都希望跟人产生热络的联结，又或者在特殊的阶段，你的朋友的确需要一个人待着。

有交往力的人也可能因为过度追求"纯粹"的关系而对利益难以启齿。

你希望人与人之间的关系足够"纯粹"。有时候这会让你遭到质疑，当有人来找你帮他牵线搭桥而你面露难色时，对方往往会质疑："你不是有很多人脉吗？"

但在你心里，朋友是朋友，你不愿意把他们变成人脉，生怕功利地谈利益会破坏"纯粹的关系"，不愿意跟朋友谈钱，不愿意跟亲近的人谈分配，这有时候会让你陷入某种现实中的被动。

不设防的你，一定有过在人际中受伤的经历。

在优势研究中，我们发现一个有意思的现象，交往力优势者最擅长人际交往，却最容易受到人际伤害。就像小动物一样，出于信任把肚皮露出来给人抚摸，但恰恰因为暴露了最柔软的地方，最容易受到致命的伤害——当你完全向另外一个人敞开心扉的时候，也可能给了另一个人伤害你的权利。尤其是对方可能另有企图时，你对他人的不设防有可能也会让你忽略了那些"恶"。

所以我想提醒你,当你信任他人时,也还是要保持基本的防范,保护好自己。

但我知道,即使你心中明白这种亲密关系自然潜藏着风险,你也仍然会一往无前。这就是你,你敢于承担爱的风险,因为比起认为"没有人喜欢自己",你更愿意相信有人真正地爱着你。这种爱的能力让你敢付出自己的真心,也能收获爱的滋养,并在关系中找到归属。

// 职场发展建议

(1) 学会鉴人

与人相处会提升你的多巴胺,所以你喜欢跟人相处。这也就意味着,对你影响最多的,就是你身边的人。

你的见识,你的想法,你的思考维度,都会受到他们的影响。因此,一定要学会鉴人,看到哪些人对自己是有巨大帮助和有益的,哪些人不是。选对圈子,你从人群中得到的能量会给你赋能;如果处在消耗你、负能量的圈子中,你也会因为不设防而受到巨大影响。

（2）打破利益羞耻

特别是在职场中，请重新认识商业：创造价值，交换价值，获取价值。商业是一种交易。

如果你是销售，你不是从客户那里"要钱"，而是把对他有价值、有帮助的产品介绍给他，并为这个产品的生产者获得相应的回报，同时为你在这个过程中的劳动获得报酬。

在这个过程中，你、顾客、生产者，都得到了相应的价值回报。请在每一次产生利益羞耻时，练习梳理"价值"——当你理清了所有参与者能获得的价值，你也理清了合作的本质：带着我的需求，走向你的需求。

（3）做相应的向内探索

尽量安排一些时间，从人群中抽离。独处是一个人恢复内在感知，与生命本身联结最好的方式。

可以学习一些向内探索的课程，阅读相关书籍，当你对自我的了解越深，你再回到人群中，所能感知到的能量就越大，因为你已经不只是简单地从人群中获得多巴胺，你开启了对

"人"本身的思考。

因为你喜欢跟人相处，所以不自觉会花很多时间在人群中。如果可以，把与人交往的目标跟自己人生的目标统一起来，比如，做销售、教练、老师、HR、客服等一切跟人打交道的工作，在工作中发挥你的交往力，修炼你的交往力，你会发现，有些事，你天生就比其他人做得好。

（4）注意人际边界，避免把热情变成"侵略感"

你再热情，再真诚，也要记住关系是双方的，不是单一的。关系如果出了问题，一定是出在互动模式上，而不是单一哪个人身上——记住这一点，会帮助你减少人际伤害，更专注于"建构更健康的人际关系"上。

网络上有句话很有趣："真诚跟任何一张牌放在一起都是王炸，但是单出有时候会是死牌。"——我对这句话的理解是，你需要拥有"关系视角"，修炼沟通和表达方式，让"真诚"更有方法，而不是一味乱撞。

有时候"真心换真心"也需要适当的方法，"我是真心为你好""我说话直，你别介意"，就是这样的直接输出往往会造成死局。

而如果略加思考，变成类似这样的表达："我意识到我每次这样表达时，你都会很愤怒，我想可能是这种表达方式会引发你的一些联想，我们能谈谈吗？"这时候，真诚跟"关系视角"就形成了王炸。

在沟通和表达方式上持续修炼，在人性中保持洞察力。

同时，不管遇到多大挑战，记住永远不要放弃真诚，那是你最大的力量。

3. 引领力：敢拿主意，愿意担责

阿里巴巴的副总裁彭蕾有一个管理团队的办法。当她在讲一些期待或者想法的时候，团队常会当面论证为什么不可能，而且逻辑很严密，让人无法反驳。此时如果来回论证，很难在短时间内得到一个大家都接受的结果。这时，她就会做一个在我看来非常酷的举动，她会说"我知道了，就这么定吧"，直接拍板。

这是一个典型的有引领力优势的人的行为模式——听我的，我掌控，我负责。

有引领力的你是天生的"驾驶员"和"领航者"，是天生的"C位"。

你乐于做决策，并对自己做的决策充满自信，愿意为它负责。

在你的内心深处，对自己总是充满信心。你确信自己在各方面都有不错的能力，能达成心中所愿。你愿意付出努力，愿意接受挑战。

你是"自己生活的主人"，从不允许自己"毫无还手之力"，更愿意用自己的能力与努力去做出改变，就算不能改变环境、改变世界，你也能改变自己。

你对自己有着积极的评价，即使遭遇困境也不会一味地批评自己、否定自己。这样不卑不亢的你在人群中散发着自信、坚定的力量。也正是因为这样，你就像一块金子，不论在什么地方，都会发出自己闪耀的光，吸引着人们向你靠近。

你会主动争取成为团队中的领导角色。可能对有的人来说成为领导者是一种责任、一种压力，因而会害怕承担，而你却能享受成为一个领导者。你有坚持自己想法的魄力，也会积极对成员进行工作分配，计划团队的行动，敢于在团队中做决策，也愿意为这样的决策负责。

你的统领欲望比较强烈，这种需求使得你对他人有着较强的掌控欲，喜欢给他人的行为或工作提供建议，并希望对方按照你的期望行动。旁人常常对你又爱又恨，他们一边羡慕（有时候是吐槽）你"哪来的自信"，一边又会在关键时刻信任你，紧紧跟随你。

引领力优势还让你擅长公开表达，而且你需要和享受听众的关注。

"一要公开演讲就卡壳，最害怕的事情就是当众发言。"这是很多人的痛苦，但这不是你的困扰。哪怕也会紧张，但是公开表达给你带来的更多是兴奋。

你在公众场合也能准确地理解别人的意思，运用相应的词句、语气、眼神等表达方式调动听者的情绪，向他人传递你的观点。你天生就是表达高手。

得益于这样的优势，你能吸引别人的眼球，还能占领别人的头脑，在人群中你很容易得到他人的关注和欣赏。和你沟通的人常常能被你强大的气场震撼到。

你常常会得到这样的反馈："不知道为什么就被你的发言吸引了，而且不自觉就被你的想法带着走，举双手赞成你的观点。"

他们信任你，跟随你。这就是你的吸引力。

但有时候，你也饱受引领力带来的困扰，比如掌控一切的欲望会让你极其厌恶失控。

你很容易被"委以重任"，大家相信你的能力，也习惯了你"事无巨细地控制一切",交给你就意味着你会负责到底。而因为太希望对一切负责,你对"失控"有一种生理性的厌恶感。

你会非常在意一件事情的进度有没有都在你的掌控范围内,"不怎么爱汇报""不懂得同步信息"的同事,常常会踩到你的雷点。你会冲到他们面前:"为什么不跟我及时同步?"在外人看来,你强势,有攻击性,但他们并不知道,在你心里,充满了对于失控的恐惧。对其他人来说,这只是一次意外;但对你来说,这有时意味着"毁灭",你会在感到完全失控时,选择彻底放手。

我们有一个学员聪明伶俐,思路清晰,气场强大,对事情有极致的要求,非常有"引领力","我绝不会允许自己做出不够好的项目"是她常说的一句话。但忽然有一天,她跟领导提出辞职,原因是她团队中有3个同事同时离职。她领导特别疑惑,问她:"你团队现在不稳定,作为管理者,不是更需要发挥作用,重建团队吗?"

她说:"之前就感觉到他们不稳定,我采取了很多措施都没用,我不能接受整个团队失控,如果我感到自己控制不了局面,就会想要彻底放弃。"——要么全要,要么全不要,越想掌控，越失控，这是有引领力优势的人在"掌控欲"未经修炼时常会出现的不稳定状态。

此外，由于喜欢表达，享受被瞩目的过程，你常常将注意力只放在自己身上，容易忽略分配自己和别人的表达时间。

但真正好的沟通，不在于说的那个人有没有说爽，而在于听的那个人有没有参与"沟通"。每个人都有被倾听的欲望，当你满足了别人的欲望，对方也就自然会对你产生好感，更愿意和你沟通。

你有自信，这意味着你对自己的价值有笃定的"判断"，而同时，由于担心"失控"的特质，你会很难信任别人。"夸人自己的能力""不信任别人"这两者叠加，容易让你觉得自己不需要别人的建议和支持。

不管是不是管理者，你都不太愿意听从别人的派遣与安排，你更愿意自己做主，抗拒其他人的"派遣和安排"，这有时会在无意中影响你跟领导的关系，也会在和同事合作时让一些人感到不适，影响合作。

如果你是领导者，要注意，任何岗位都有它的价值，领导者最重要的工作是激发别人的潜力和善意，让每个人都充分发挥主观能动性，共同为目标努力，绝不是你一个人掌控全场。

// 职场发展建议

（1）学会与失控相处，是引领力优势者的"护身符"

不是让你接受"失控"，而是"觉察它"。

当你忽然感到愤怒和恐惧时，观察自己，是不是哪件事或者哪个人让你觉得"失控"了，只要看到这部分，你就不会完全遵从"本能"而上头，比如事无巨细地插手别人的工作，严厉指责对方，等等。"觉察"是把大脑从"快系统"切换到"慢系统"的关键动作，启动慢思考后，你会采取更理智、更有成效的动作。

（2）做出自己的使用说明书，并跟同事分享

引领力优势者很容易"好心办坏事"，明明是想负责，别人却觉得你控制欲太强，自傲自大。

我在工作中，常常扮演引领力优势者的翻译，帮助他们把"行为"背后的"意图"解释给其他人听。

比如，我会告诉他的同事："你那个引领力高的老板张牙舞爪时，其实他在传递一种脆弱——我害怕事情失败，我害怕没做成。""他咄咄逼人时，其实在传递他害怕有漏洞。"

刚开始，很多引领力者不屑于做这件事，他们觉得这毫无意义："有什么好解释的？"

但渐渐地他们会发现，被理解之后，人们反而会更积极地配合，这对做成事儿有极大的帮助。

我建议做一份优势使用说明书：

・我觉得我在工作中做得特别好的点：

・我适合在什么空间工作／不适合在什么空间工作：

・我在这些时间段工作，效率更高：

・当我的工作与这些内容有关的时候，我能够创造更大的价值：

・我适合在多大的团队里工作：

・我跟什么样的上级搭档会高效／会内耗：

・在这些情况下，我的工作会有痛点和困扰（包括我给别人带来的困扰）：

・我的沟通偏好：

・我更适合和什么特质的人工作／不适合和什么特质的人工作，为什么：

・请把我放在什么性质的岗位／请不要把我放在什么性质

的岗位：

・我的盲区／我需要获得的支持：

・我会拖延的事：

这不仅是一份简单的使用说明书，更是你的一种态度：我在向你展示合作的意愿，邀请你更好地使用我。

（3）从掌控细节，控制人，到设计规则，控制大局

这是引领力优势者最值得花精力的地方。每个人的精力都有限，如果你沉迷于控制细节和每个人，很快你就不会再有精力思考战略方向，思考重要的事情。

但你天生就是领导者，指出正确的方向才是你最重要的职责。所以试着把精力花在更大层面的"掌控"上，比如设计平台规则。

对你来说，最适合的管理方式，不是依靠人管人，而是用目标和制度管人。

至于其他可能会发生的小失控，就让它去吧，没有任何人的生活会时刻处于"控制"之中，失控本就是常态。

4. 分析力：思维的架构师

分析力优势是一种对于思维能够快速分类、解析的能力。

有分析力优势的你是思维的架构师。架构最早是建筑领域的一个概念，后来被广泛用在互联网领域。架构师在互联网公司的职责是，需要在一切还没有开始之前，定根骨，定结构，思考可能影响局面的各种因素。

思维的架构师，也有这种奇妙的能力。你们的厉害之处在于能把事情的来龙去脉探究清楚，能在复杂中梳理逻辑，你们有能力去布局可能会影响大局的各种因素。你们在架构思维。所以你们给别人的印象是，沉稳、谨慎、思路清晰。

我在做投资工作时常常去参加一些公司的董事会，三四个小时的会议，各家投资人、创始团队、核心高管七嘴八舌，有一次结束时，创始人说，那今天就先这样，我们按照刚才会议的结论去执行。好几个同事面面相觑："刚才会议有好几个结论吧？"这时候，公司CFO站起来："那我总结一下吧，刚才的主要结论只有一个……我们分了三个方面讨论，最后落实到关键动作有……"

这就是典型的分析力优势者。

有分析力优势的你，思考特点就是这两个字：分和析。

分：分类、分拣。你能把混乱、庞杂的信息快速分类，然后放到不同地方去。这对你来说是自然而然的事情，因为优势本身就是人天生的行为和思考模式，但对很多没有分析力的人来说，信息一旦混乱，他也就跟着处在一种混乱的状态。

析：解析。你不仅能分，还能架构信息元素间的逻辑关系。比如你认为这个是原因，那个是结果；这个是论据，那个是结论。

你喜欢思考，思考能让你的思路清晰，并且让自己的观点和想法有理有据。这种思考的倾向在你生活和工作中有不少的体现。如果别人提出一个观点，你会下意识地去分析其合理性，思考背后的逻辑和论据。你常用数据、理论来武装你的观点，遇到不太懂的，你也会付出一定的时间和精力去学习与查证。也正是因为这样，你具有比较独立的想法，不会人云亦云。

你尤其重视逻辑，对于同一个问题，你可能会从不同维度给出分析，每一个维度都会有数据支持，有逻辑推演。

基于你现有的分析优势，有时候你甚至好像并没有刻意去思考或求证，但你的大脑已经习惯性地帮你快速分析、推理，帮助你找到问题的症结所在，使得你在工作和生活中表现出敏锐的洞察力。

你具有比较优秀的系统思维。面对问题时，你不会被其他杂乱的信息迷惑眼睛，你能从全局出发，重点关注最终想要达成的目标，其中的要点是什么，并思考达成目标的方法。而想要达到目标，你的大脑中就像有一张到达目的地的地图，有多少条路线可行，每一条路线的优劣是什么，需要多少时间、人力等你都有比较清楚的预测或判断，进而拨开层层迷雾选出通往目标最合适的道路。

拥有整体、战略思维优势的你擅长将想要的结果变成可以操作的计划，这是你优势的最佳体现，也是你与众不同的魅力。

分析力强的你就像行走的思维导图。多数时候，你甚至都不用画出来，因为思维导图那种一分为二、二分为四的逻辑模式，在你脑袋里会自行演绎。千万别觉得这没什么了不起，对很多人来说，思维导图是需要专门学习的，有些人还不一定学得会。

分析优势发挥不好会带来的最大问题是，抓不到关键问题。

因为你擅长分析，喜欢分析，经常容易陷入无限分析的怪圈中。在思考层面，你一直分析，但是抓不住关键问题。

有一个经典的说法，叫作"布里丹之驴"，是14世纪法国哲学家布里丹提出的一个命题。他说，一只完全理性的驴如果恰好处于两堆等量等质的干草的中间，它会饿死，因为它不能对究竟该吃哪一堆干草做出任何理性的决定。

"布里丹之驴"被我们一个分析优势的学员引用过来，他说，这不就是分析优势者经常陷入的困境吗——陷入分析，无法行动；错过激情，错过机会。善于通过分析做出判断，却不善于做决断。

分析力优势者经常会挑战别人："向我证明，为什么你的结论是对的？"

因为在你的意识当中认为，所有的理论必须经得起验证。你既擅长把别人的话拆解，又擅长解析词语之间的逻辑关系，可不是更容易发现漏洞吗？如果有人说，哎呀，算了，别较真，你可能会很沮丧；因为，分析力是与生俱来的行为模式，让你不要较真，就等于让你不要做自己。

但是你很有可能让他人觉得不被信任。你看重每一种观点后的论据，因此会提出一连串疑问，这会让对方觉得你总是怀疑他人想法的合理性，认为你不信任他们，并且觉得很难和你共事。你考虑问题并不是单线的，而是纵观全局，你常常能第一时间察觉到对方的漏洞，以至你的口头禅是"不对""你错了"，你认为别人应该听你的，这让人觉得你比较傲慢；也因为你倾向于从大局去考虑问题，有时候可能不太会注意个体的利益或特殊化的需求等。

// 职场发展建议

（1）在关注事情之余，也要注重"人和关系"

因为你天生擅长抽丝剥茧，擅长透过现象看本质，所以多数时候，你是"正确"的。但人和人相处，"正确"不是唯一的要素，甚至不是最重要的。

我们在工作中不只是为了"赢"，赢在逻辑，赢在真理，更多的是为了"赢得"——赢得尊重，赢得合作。

有时候人们不配合，不是意愿问题，而是能力问题。他们暂时理解不了你的思路，而不是故意与你作对。也建议你花时间说出自己的思考过程，解释自己这样思考的原因，跟大家一起拆解可实现的路径，这会让你"赢得"更多理解和跟随。

（2）从分析事到分析人

我有一个朋友小K是一个分析力极强的人，她曾经认为自己"对事不对人"是一种干脆利落的风格，直到她的下属提离职，原因是觉得领导完全不讲人情，从不照顾别人的感受。

小K很困扰，一方面觉得下属说的有道理，一方面又不擅长关注人。我们建议她，把你对事情的抽丝剥茧，放到人身上：仔细倾听对方这样思考的逻辑，不同优势的人思考问题的出发点完全不一样；分析对方的情绪，分析对方的优势。

现在的小K接受了"情绪也是事情的一种线索"这个逻辑，在分析事情的同时，也会借用自己的分析力，来洞察别人的情绪。同事对她的反馈是：以前是聪明，现在更智慧了。

（3）从只关注"智力"到关注"心力"

有时候你的"三思而后行"，不是因为还没想清楚所以做不了决定，而是你不敢做决定，所以总觉得我还没想清楚。

一些人生重大决定，比如要不要辞职，要不要跳槽换岗，要不要结婚，要不要接受一个工作机会，等等，这些决定一旦做出，会对你的生活有深远影响。每个人对未知都有恐惧，拥有分析力优势的你天然会试图通过"分析"消除恐惧，你总觉得，我现在做不了决定，一定是因为我还没想清楚，那我就要再思考——恰恰相反，现在做不了决定，可能是因为你不敢做决定。可以试着用"黑色想象法"去思考，把你内心深处最大的担忧罗列出来，再分析利弊，看自己是否可承担。

直面恐惧，能帮你提高做决策的效率。因为很多时候，我们做出一个重大选择，不只依靠智力，更重要的是心力。

（4）从全面分析到精准分析

你总想着分析全面再动手，但抓住关键动作，判断清楚关键原因，才是最厉害的分析。可以学习一些正确决策的课程，阅读相关书籍，把自己分析的效率提高，练习在最短时间里做出最准确的分析，是你要修炼的重要一课。

5. 创新力：突破常规，出奇制胜

创新力优势是一种能将旧要素进行重新组合的能力。

创新不是从无到有，不是凭空而来。被誉为"创新理论"鼻祖的政治经济学家熊彼特认为，创新不完全等于技术发明，而是"生产要素的重新组合"，这个世界从没有发生过从虚无中横空出世的创新，创新不是产生于你，而是流经于你。

有一个学员告诉我们，孩子们周末时喜欢用平板电脑玩游戏，每当他们非常专注的时候，就会不自觉地把平板电脑靠得很近，她和她先生都担心这会造成孩子们的眼睛近视，一直提醒，但是效果都不好。有一次，她忽然灵机一动，组织全家人一起玩了一个蒙眼游戏，大家轮流蒙着眼睛，走到画板那里画猪鼻子。每次拿下眼罩，看着自己画得乱七八糟的猪鼻子，全家都笑得东倒西歪。游戏结束后，她趁机和孩子们讨论了如果眼睛看不清所带来的不便，也解释了长时间、近距离看平板电脑对他们眼睛的伤害。现在姐弟俩会互相提醒，看平板电脑都自觉地将它放远一些，还会主动给自己设置时长，到点就停下来，让眼睛休息。

像这样善于另辟蹊径解决问题的你，就是典型的有创新力优势的人。

创新力者爱联想。

著名诗人及心灵导师一行禅师（Thích Nhất Hạnh）曾说："如果你是个诗人，你会清楚看到在这一张纸上飘着一朵云。"

有创新力优势的人，就是能在纸上看到一朵云的人。

你天生是"脑洞王"，会不自觉地把两个看似不相干的事物联系起来，脑袋里总是会产生旁人看起来奇奇怪怪的想法。你的思维常常能超越感官和现实的界限，任意流动，不受时间、环境等现实条件的限制。

你的内心世界往往是丰富而有趣的，因为在你脑海中的事物往往不是枯燥无味的数字或逻辑，更可能是生动有趣的画面。你会无意识地运用你的感官去感知世界，有时候只是听到别人说的某一句话，你天马行空的想象就可能让你浮想联翩，思绪跳跃到另一个世界。发现、创造新的方式就像是探险一样，充满了无穷的乐趣，这会让你时不时有一些新的想法和点子。

这种看似杂乱、无意义的发散其实是你创造力的温床，正是由于这种思维的自由移动，才可能让你产生更多新的想法。有时候别人似乎不能跟上你的思维，但这种发散的思维正是你独一无二的优势。

有创新力的你爱用比喻，对"概念性词汇"异常敏感。比如那句"灯把黑夜烫了一个洞"，它的作者是一个孩子。如果你有创新力，那么在你很小的时候，就会展示出来了。

爱用比喻这个习惯，不仅能带来让人们会心一笑的妙语，很多时候，它还能让人们快速理解你的意思，提升沟通效率，带来商业上的价值。

"创新"就是你的代名词。对事情有自己独特的见解，喜欢推陈出新，不太随大流，这种思维的革新让你在行动上也更愿意冒险。

这样的你在人群中常常是特别的，别人很容易发现你的闪光点。同时这样的你在工作中也更擅长创造更多的可能，更具竞争力。

我很喜欢跟有创新力的同事搭档，他们常常会有"神来之笔"，当我们冥思苦想在推演 A、B、C、D 思路时，他们轻松提出了 Z 思路。有时我很好奇:"你是怎么想到这个思路的。"他们也很蒙,根本不会像分析力优势者一样给你一套推演逻辑,"那些点子自己就跑到我脑袋里了"。但别说,那些乍一听不靠谱的思路,还真能解决问题。

乔布斯说:"创造力不过就是关联事物。"当你问那些很有创造力的人,他们是怎么做的,他们可能会有点儿不好意思,因为他们并没有"做"什么,他们仅仅是"看"到了一些事情,然后新点子过一阵子就自己冒出来了。这是因为他们能够关联已有的经验。

这就是创新力优势者的独特天赋,这些念头和想法,就像从天上掉下来的一样,你根本说不清它是怎么出来的。

但创新力发挥不好,同时也会带来一些问题。

有创新力的人,容易被负面评价束缚。

客气一点的评价是:"年轻人,踏实一点比较好。"或者,"你想法真不少啊,要不然多做点?"

直接一点的就是:"这有啥用?你又来了!老是扯这些没用的。咱们说点实际的行不行?"或者"你还真是信口开河,你这个想法也太浮夸、太不切实际了吧,你怎么一把年纪了,还这么天真啊。"

不少思维跳跃的创新力优势者，还会给自己贴"专注力障碍"这样的标签。因为你爱想象，容易沉浸在自己的思绪中，任由思绪漫游，所以你可能会表现得思维比较跳跃，不容易专注在一个问题上，表现出比较差的专注力。

但不要忘记，这些"吐槽"创新力的人，大多数自己都没有创新力。如果他们自己没有创新力，又没有建立优势视角，那他们很有可能理解不了你的"天马行空"，理解不了为什么明明在讨论这个要素，你忽然就想到了在他们看来八竿子打不着的那个要素。

人和人之间无法互相理解，很大一部分原因是各自优势的不同。叔本华有一句名言："有天赋的人像神枪手，能击中他人甚至看不见的目标。"你的创新力能让你看见别人看不见的东西，所以不要怀疑自己。

你提出的想法也不容易被人接纳。你的创意，在他人看来可能不切实际，虽然事实上你是在已有资源的基础上做出了假设，但你仍然需要向他人澄清你的思考过程。

同时，你的创新也有可能在实践中受挫，这会阻碍你继续发挥创新力。如何保护好自己，保证自己持续灵敏，持续发挥创造力，这是你终生要修炼的本领。

// 职场发展建议

（1）建立微环境，保护好自己内在的创意温床

在一些重要的时刻，或是面对困难的问题时，时间的紧迫感则容易加大你的压力，让你的应变能力下降，无法快速地思考替代方案。

失去创意，对你来说意味着失去生命力。

但很多时候，公司或者团队并没办法提供足够轻松的环境，业绩压力、人际压力都会成为限制你发挥创意的外因，越是这种时候，越要有建构自己精神世界的能力。也许是一些成长性思维，比如课题分离——不把别人的压力扛到自己身上；也许是创意规则——组织轻松的午饭，跟同事在闲聊时汲取灵感；也许是一些生活仪式——睡前泡澡、周末去郊区等，释放自己的大脑空间。

建立适合自己的生活微环境，增加思维的灵活性，这将更能促进你创新力的提升，让你不管面对什么情境都能快速思考，灵活应变。

（2）增加自己对于"创新失败"的耐受力

不要因为创新失败，就轻易认同"我是不是不太靠谱"的想法。

一次成功的创新背后必然有很多次失败的创新。

毕加索创作了1800幅油画、1200件雕塑以及大量其他形式的作品，其中只有少数赢得了好评。

爱迪生在发现钨丝之前，尝试过6000多种纤维材料。他有句名言："我从未失败过，每次失败都只是排除了一种不合适的材料。"

量子力学的创始人马克斯·普朗克也说："科学家的每次实验都是在向自然提问。每次的实验结果，不论理想与否，都是自然给出的答案。"

对很多人来说，结果是最重要的——他们可能是目标力优势者，可能是驱动力优势者或者行动力优势者；又或者对很多人来说，思考的逻辑性很重要——他们可能是分析力优势者。不同的优势，会导致我们不能理解彼此的不同——但是对你自己来说，过程中的细节才是每个人的光芒所在，哪怕一次两次创意并没有实现。请你无论如何都要坚信这一点。

不论你的创意是否被采纳、是否成功，当你在提出创意的时候，你就是在发挥创新力了。结果好不好，是另外一件事。不要因为结果不好，而怀疑自己没有创新力。

(3) 学习把创意落地的方法

有时同事会觉得你的思维过于发散，不踏实，所以学会把创意落地，也是职场修炼的一部分。比如可以采用六顶思考帽思考法；或者找到能帮你把创意落地的搭档——分析力或者目标力优势者都可以，他们会帮你把天马行空的念头收敛、实现，你们在彼此的合作中各取所需，互相成就。

(4) 警惕投机取巧

在难题面前，你往往能想到很多方法，很多时候能剑走偏锋，出奇制胜。但有时候你可能会忽视底线，脑海中也会出现一些投机取巧的方法，你需要觉察到这一点，提醒自己其中潜藏的风险。

6. 学习力：学习就是最大的回报

学习是你理解和认识这个世界的方式，是你的活法，是你生活中的糖。

你无比好奇，始终拥有饱满的求知欲，对获取新知识、掌握新技能有比较高的热情，日常生活中会主动去学习与进步。你对知识有一种内在的渴求，不管是探索事物的本质，还是对不了解的事物的天然好奇，这些内在动力都会促使你主动去获取知识，并且帮助你在日常生活中保持学习与进步。

我们的一个自由职业者用户，林玫瑰说，自己看到有人开卡车，就忍不住想去报个卡车学习班，度假的时候看到有人潜水，马上自己也找了潜水教练。这就是典型的学习力表现。

学习人人都会，可是学习力不是人人都有的。在一般人看来，有学习力的人往往做出一些看似无法理解的古怪行为，比如什么事情都要搞清楚，远远超过必要的程度。当你通过自己的学习了解到之前未知的知识时，你有一种豁然开朗的感觉，体验到愉悦感。比起物质，精神满足更让你感到幸福。同时，对于知识的渴求也能促进你自学能力的增强，让你持续地进步。受自身优势的影响，你保持着终身学习的态度。这帮助你保持精神世界的充盈和满足，同时也能让你拥有丰富的知识储备量，一般情况下都能在工作中取得比较好的成绩。

比如你恨不得每天都要输入，不管是看书看资料还是看美剧，还是听课找人取经，反正就是要输入些什么，不然就觉得自己快要干涸了。

强烈的求知欲也会使你呈现出开放的心态，对不同的事物、观点都相对包容，也就是说你尊重他人，尊重各种差异性，尽可能以宽容的态度去接收外界的一切，并且对有些人、事你还会试着去感受和理解，听到三观不同的言论也不会表现出排斥的心理而拒绝交流。这都能帮助你拓宽看待问题的角度，增加思维、知识的广度，保持知识的积累和更新。

同时正是因为你能接纳不同的人，尊重他们的观点，你身边的人更愿意和你沟通，这种思想的碰撞反过来又利于你不断地提升自己。同时你也较少会因为持有单一的观点而陷入片面、局限的境地。当然，这些都是你学习力优势的强大体现。

同样拥有学习力优势，却可能有不同的学习风格，这取决于学习力跟你其他优势的化学反应。

我们经过访谈和研讨，把学习者分成了三类：书本学习者、人际学习者和行动学习者。

怎么知道自己是哪一种呢？我给你一个小小的自测题，你马上就能知道个八九不离十。想象一下，你买了一台单反相机，今天收到货开箱了。相机看起来很高端，很酷，但是也很复杂，好多部件和按钮。好，题目来了，这个时候你会先拿起什么？

如果你先拿起说明书，按目录从头到尾仔细阅读一遍，甚至会去各种论坛查信息，那么你很有可能是第一类：书本学习者。这里的书是泛指，包括看视频、上课、听播客、查网页等一切的线上线下信息源。书本学习者看似很传统，但不要忘记，书是文化最大的母体。要论信息的广博齐全，要论在短时间内摄入信息量的速度，没有人能和这类学习者相比。

如果你第一时间拿起的不是说明书，而是拿起相机本身，打开电源，马上鼓捣起来，东戳戳，西弄弄，试试这个按钮，按按那个按钮，边做边学，你很有可能是典型的行动学习者。行动学习者的学习风格就是三个字：做中学。别小看这点，行动学习者厉害就厉害在"做中学",边做边摸索,还真能学会。这个单反在你手里捣鼓来捣鼓去,神奇的是15分钟后基本操作已经摸索得差不多了,这就是行动学习者的本事。

第三类学习者呢?如果你想学会使用这个高端复杂的单反相机,第一时间拿起的不是说明书,也不是相机本身,而是拿起你的电话拨了个号码,或者打开微信,那么你很有可能是第三类:人际学习者。你要打给精通相机的朋友,或者询问卖你相机的客服人员。

人际学习者未必需要饱读诗书。看书、听课对你来说不一定是最高效的学习策略。最让你如鱼得水的学习方式,可能就是找到厉害的人,然后想办法跟他们联结,找他们聊天,然后问他们问题。

人际学习者除了善于问人,还善于观察人,观察别人怎么做,从别人的做法中总结出自己想学的东西。

值得注意的是:在这个信息爆炸的时代,信息太多,学习力优势者容易陷入焦虑,掉进信息的旋涡中,担心自己学得不够多,跟不上时代。

由于你能接受很多新观点、新想法,会天然包容不同意见，你容易失去自己的意见，有时候别人会觉得你并没有什么自己的坚持或想法，更像是一棵墙头草，别人说什么你都接受。而你自己也为此苦恼，很难做决策。

你享受学习的过程，喜欢接触新的事物，"吸收新知识"占据了你多数的精力，却没有花时间去系统性学习，往深度走。长此以往，过于追求广度，而忽略了深度，你学到的东西很难完全内化为你的知识体系。

// 职场发展建议

（1）建立明确的学习目标

在特定时间段里，建立明确的学习目标，比如这个季度深度研究凯恩斯经济理论、今年学习网球到某个阶段，以此来防止你看到什么都想学而引发的注意力转移。

（2）学习"学习的能力"，建立系统性学习思维

为了避免对知识仅仅停留在知道、了解的层面，你需要从蚂蚁搬家式学习升级为蜘蛛结网式学习。

蚂蚁学习者就是典型的知识搬运工,到处搜罗知识,把它们屯在硬盘里、笔记里、云盘里,然后事情就结束了。这些知识杂乱无章、不成系统,也没有内化到他们的脑子里去。而蜘蛛学习者完全不同,他们像蜘蛛一样,靠自己的一张网就能高效捕食——蹲在网中央,不需要怎么动,自然有食物投入网中,然后立即把食物吸收,这样就能吐出更多的丝线,来进一步扩大自己的网络。所以蜘蛛学习者形成一个高效的正循环:他们以逸待劳,只学习和自己真正有关联的知识,并且马上内化吸收,来提高下一次学习的效率。

(3)输出倒逼输入

对于学习力优势者,最好的强化学习的方法就是"通过输出来验证输入",练习表达、演讲,把自己学到的知识体系化输出,这不仅能满足你的"好学",同时能"变现"你的好学,也许你会因此成为一名博主,也可能成为公司里的专家,得到重视和重用。

7. 行动力：快速决断，在行动中思考

行动力优势是一种让事情发生的能力。有行动力优势的你，很少被思维绊住，很少迷失在想法里，你是那个抬起手和脚就把事情办了的人。

我以前有个助理，常常是前一秒我刚把事情布置给他，转头一想，有更好的方案，结果出门找他，人家已经把事办完了。他就是一个典型的行动力优势者。

只管去做，是你的人生信条；马上开始，是你的行为准则。

在行为层面上，你不畏难，想做就立刻去做，从来不会陷入"过度准备"的困局。一旦想做一件事，你就会按捺不住地行动起来。你不需要用各种"时间管理""改善拖延"的技巧来说服自己。你看到一件事情、一个机会，就忍不住、跃跃欲试地想要实践它。不需要道理，超越了语言和理性的力量。

你不喜欢无所事事的日子，你更喜欢让自己忙碌起来，享

受忙碌的充实和快乐。

立即行动是你天然的优势，你很少会接到指令而不采取行动。有时你会被误解为"鲁莽，不动脑子"，但其实，对你来说，是实践出真知。这也是你在思维方式上的特点，用行动拉动思考。

行动力优势者在生活中常常会收获的评论是："你想清楚了吗？"

事实上，每个人的大脑都在持续运转，这是人类的特点。只是不同人有不同的运转方式。行动力优势者在思维方式上的特点是，先行动后思考，或者是在行动的过程中思考与获得。对你而言，很多问题都可以在做的过程中去思考、解决，所以你会先让自己动起来，保持身体的行动和思想的流动。因为你觉得做错了也没什么，但是如果你不做，那么你永远也不会知道问题的关键所在。这样的你在工作和生活中更有能量，不会懒懒散散，无所作为。同时，正因为你拥有行动力的优势，你也常常能在很多事情中占得先机。

你颇具冒险精神，敢于行动，在面对不确定的、新鲜的、未知的情况时更倾向去试一试。你明白风险的存在，但比起固守在相对安全的地带，你更想去尝试那些新鲜的事物，敢于承担冒险的后果。这在工作场景中更是一种稀缺的内在资源。你敢于突破，愿意行动，能勇敢地做自己想做的事情，敢做敢当，自然也吸引着欣赏你的人。

有行动力的人往往也有决断力。实际上，对有行动力优势的你来说，敢于立即行动，便是得益于你的决断能力。在面对问题时，你有明确的价值判断标准，不太会因为反复思考各种方案，权衡利弊而无法抉择；你相信实践出真知，擅长"小步快跑，快速迭代"，所以从不需要等到所有前期准备都妥妥帖帖时才开始行动。

受优势的影响，你就算遇到突发情况也会尽可能地保持冷静，及时做出选择并行动。这样的你做决策果断，不纠结。在合作伙伴心中，你雷厉风行，有主见，拿得起放得下，这也利于你吸引别人向你靠拢，建立优质的人际圈。

有行动力优势的你，往往人生经历丰富，拥有蓬勃的生命力。因为你适应能力强，也很能跟得上快节奏的商业社会。与此同时，行动力是很有感染力的，会传染，能激发别人的积极性。

行动力优势者可能踩坑，但是后悔的不多。因为你擅长"让事情发生"，所以，你也同样擅长让"翻篇"这件事发生。对你这样的人来说，人生最大的后悔，不是做了什么，而是没做什么。

不可避免地，有时候，行动前没有太多思考也可能让你做一些无用功，浪费一定的资源。你后悔的不是做了这件事，而是，既然做了，却没有把这件事做成。

你不能忍受缓慢，有时候你可能会为了"快速决定"而没有客观地了解或分析情况，在片面信息的基础上做出快速的主观判断，这会导致你做决定时显得有些武断，过于冲动冒进。

你的决定有自己的道理，可能他人还没有思路你就已经做出了决定，在团队中，他人可能会觉得你有些强势和不容商量，一意孤行。

// 职场发展建议

（1）重视优势互补

找到一个你信任且欣赏你的思维优势者，比如分析力优势者，将他的"谋定而后动"和你的"立即行动"完美融合。可能你会说，那岂不是两个人都很痛苦，一个要慢慢想，一个要快快干。

这可不一定，毕竟，想和干的目的都是实现目标，只要不断回到愿景中，真心想把事情做好，总能找到融合的契机。我的一个学员，行动力优势排名第一，跟他的分析力优势的搭档是这么约定的："我会预留三天时间给你，充分分析，三天之后，我会立即行动。"我问他，是怎么忍耐得住三天时间的。他说："因为我有驱动力优势，我所有的行为，都是为了实现心中真正的驱动，做出服务三万家庭的健康产品。如果三天时间能更好地帮我行动，何乐而不为呢？"

优势是一套组合拳，可以试着做一下优势自测，看看如何让你的四大优势互相赋能。

（2）小步快跑，快速迭代

让有行动力优势的你停下来深思熟虑，做一个复杂的思维导图，这显然是违背你优势的。你擅长的是边做边想。

那么在行动过程中，请反复用以下这三个"迭代问题"来提升自己行动的准确性。

我有多少想法来自假设？我以为的是正确的吗？——这个

"迭代问题"最主要的目的是，提醒自己，我的想法很有可能是还未经过验证的假设，而我自己未必发觉了。我们要做的，就是撕去过度乐观的纱布，让这些"未经验证的假设"现形。尤其对于行动力高的朋友，这是很重要的开头。

我想做的是可行的吗？有多少成本可以减少？——以此来减少不必要的投入损耗。比如你想验证一个新产品，多几次50人的小范围验证，一定比一上来就投入生产要保险。对象小一些或者产品小一些，都可以帮你减少相应的成本。

我的优化是有必要的吗？——当你决定优化产品或者工作方式时，再次验证一遍它的必要性和准确度，比如通过AB测试，来帮助你再次避免"踩坑"。

（3）练习复盘思维

不怕失败，但是怕的是不知道为什么失败，以及如何避免失败。所以每一次失败和成功，都要形成复盘文件，提取关键动作。你比其他任何优势者都需要这个练习。长此以往，这些经验会变成你的肌肉记忆，就像老司机根本不需要"想"怎么发动、换挡、刹车，经年累月的练习保证了他"抬手就干"就能成功。

8. 目标力：人生信条是"势必达成"

对一个目标力优势者来说，做一件事有没有目标，有天壤之别。

没有目标的时候，你浑浑噩噩，而拥有了目标，你便成了一名战士。

假设今天公司叫你去和客户谈合作，给你立下50万元的业务目标，你是什么反应？

也许有的人会想，最讨厌给我设立目标了，一设立目标，我就压力巨大，特别烦躁，脑子全被要完成多少目标占据了，根本没法思考别的。

而如果你是这种人——听到KPI的那一刻，整个人立刻兴奋起来，脑子里开始拆解目标、思考方法——很明显，你就是拥有目标力优势的人。

对很多人来说，"势必达成"只是公司年会上喊的一句口号。对你来说，这是你的人生信条。

完成目标的过程，对目标力优势者来说，太振奋人心了。在确立目标的那一刻，有目标力优势的人就穿上了铠甲，冲锋陷阵，不达目标决不罢休。同时，你擅长制订计划并按计划行事。在目标之下，你善于保持专心致志。

有一个叫小琼的用户，她讲过一个大学时候跑1万米的故事，特别生动。她说她本来是一个跑800米就会"牺牲"的人，但是有一次上课，老师留了个挑战性作业：跑1万米。当时她脑子一热，就决定要把这个目标拿下。

在这个过程中她是怎么拆解目标、激励自己的呢？她首先计算了一下，跑道1圈是400米，1万米就是25圈。每跑1圈，她就弯一根手指。5圈，就是收紧一只手。25圈，就是把手收紧5次。中间她无数次想停下来。但是目标就在前面，激励着她，再跑一点儿，就能弯一根手指了。就这样，一圈一圈，把25圈跑了下来。

这就是有目标力优势的人最擅长的：拆分目标，再逐一攻克。

你是一个有规划的人，这是你很大的优势。你不喜欢做事没有安排、没有计划。对你来说，按照自己制订的计划行事能带来莫大的踏实感和安全感。因为你能提前做好准备，这会让你感觉任何事情都是可控的，不会发生什么意料之外的事情，更不会让自己感觉措手不及。

对于生活或工作中的很多事情，你都会事先制订一个计划，期望之后一步一步地按照计划执行。例如，工作中你会有自己一周或是一天的工作安排，这种规划性让你能清晰地达成目标，还能合理规划好时间和精力。所以这样的你往往能精准地、有条不紊地按照计划行事，这是独属于你的"领导力"。

有目标力优势的你还很有责任心。保证完成任务的责任心，是你独特的优势。对自己分内的事情，你保持着较高的热情，也愿意为之付出努力。

一旦你做出承诺，不管现实条件有多么困难，你都会努力兑现自己的诺言，很少会去推诿或逃避。言必信，行必果。所以不管是生活中还是工作中，你都能赢得不少人的信赖。

在工作中，我非常欣赏有目标力的同事，在他们身上，总能看到一种绝地反击、愈挫愈勇的力量。当他们认定一个目标之后，会努力去实现，能为目前所做之事付出足够的努力和长时间的热忱。在目标面前，他们不轻易放弃，不轻易被打倒，也不是没想过放弃，但多数时候，他们会想办法积极调整自己的心态,重新看待当下的挫折与压力,把它看作成长的机会,鼓励自己去应对和克服。

当一件事情、任务没有完成时,有目标力优势的你会无法放松下来,做其他事情的时候都会惦念着自己要做的事情,这种不安和焦虑反而会再次促使你更好地去完成自己手上的事务。

但你也容易丧失灵活性。

你需要规则,不喜欢失去控制,所以你的生活中可能会缺少一些变化或是意外,也没有太多的惊喜;如果你还同时拥有创新力、共情力等追求浪漫的优势,就会因此而产生内在矛盾,一方面希望自己的生活有条不紊,一方面又觉得它呆板无趣。

有时候你会因为计划太细而失去机会。思考太多可能会影响具体的执行,当你计划得太过细致也可能会让你想太多,而行动太少。在工作中难免会出现意外情况,这对你来说意味着影响"既定目标"的实现,你下意识会对此抗拒,这造成你处事有时不够灵活。

你容易焦虑,不懂放松。因为对自我有比较多的约束,要求自己能按照既定的目标去完成任务,在这个过程中,你可能会一直让自己处于一种神经紧绷的状态中，没有办法放松下来。当你的任务没有完成时，你很难真正享受生活中其他轻松的存在。周末陪家人时，也会惦记着没完成的工作，这种不安和焦虑不仅会让你感到压力过大，也会影响身边亲近的人的状态。

甚至，当目标成为执念，你会难以放弃。有时候你有一种不撞南墙不回头的冲劲，可能会暂时性地忽略对自己行动的正确判断，不能及时止损。

// 职场发展建议

（1）练习"认输"

多数时候，适当的压力对你来说是行动的动力，但是当目标压力过大，以致影响到你的睡眠和健康时，不要再跟自己说"我必须实现"，而是"那就先这样吧"。"认输"是一种战术，让你紧张的肩膀放松，睡一个好觉，别担心，你天生就不是摆烂的人，你要做的，不过是保护好自己，不被目标压垮。

后退，是为了更好地一跃。

（2）不仅要设置工作目标，还要给自己设置生活目标

既然你擅长实现目标，那么利用好这个优势，给自己的生活也设立一个 KPI：比如这个周末陪孩子安安静静画画，跟爸妈去郊区度假，健身跑步两小时，等等。

用你势必完成目标的劲头，进行"精力管理"，守护自己的能量。

（3）低头赶路，也要抬头看天

你有时会因为一味盯住眼下的目标，而失去了大局观。

我有一个学员，好不容易完成了当年的业绩之后，却要辞职。

原因是，他在过去一年只盯着当年的利润目标，已经把所有资源耗尽了。当新一年公司要求他增长时，他发现自己没有为长期目标做资源储备，没有建立新的组织能力，也没有开拓新的渠道。

这是目标力优势者常常会陷入的僵局。想象你是一个猎人，一门心思追一只小鹿，一不小心小鹿追丢了，却发现自己在森林中迷了路——你只记得"追逐"这一个目标，却忘记自己的安危。

想象你是一个职场妈妈,因为被业绩压力困扰,常常对孩子发脾气,这时你只盯住了这个季度的KPI,却忘记了,自己努力工作,就是为了让自己和家人生活得更好这个终极目标。

在设置当下目标时,请记得同时设置它的长远目标;在设置数字目标时,请记得同时设置它的意义目标。这能提醒我们:低头赶路,也要抬头看天。

9. 驱动力：一辈子都保持追求、探索和行动

驱动力可以说是一种"伟大"的优势，让你一辈子都保持追求、探索和行动，在完成一个目标之后，奔向下一个目标，永远不会停下来。你好像自带某种神秘的燃料，像是永动机，总有让自己奔走的动力。

驱动力高的人，一生都不会退休，即便你停止了这份工作，你也会找到新的事情，因为你总会有下一个想要去往的山峰。别人觉得你似乎总是精力满满，内驱力十足。

受其他不同优势的影响，每个驱动力优势者的"驱动原点"也不一样。

有的人会被成就驱动，完成一件事带来的成就感，是你最大的动力。你不甘心做平庸的事，不甘心成为平庸的人，心里总会为自己设置更高的山峰。如果你是这种类型的人，你会始终渴望有所为，某种有形的成果对你来说异常重要。你很可能

对to do list（待办事件列表）情有独钟。比如说，你一天给自己列10件事情，然后这一天里你快速做完、画掉，在一天结束时、画掉最后一条待办事项的那一刻，就是你觉得最爽、成就感爆棚的时候。成就驱动者还有一种特质，就是不管你一天中取得了多少成就，你第二天一觉醒来，这些成就全都清零了。对你来说，每一天都是新的。你似乎永远不知满足。

你也可能是一个竞争驱动者。你最大的特点就是遇强则强。你最有动力的时刻，发生在遇到一个好对手的时候。想要超越对方的动力，会把你的潜力几倍甚至几十倍地激发出来。竞争优势者不是为了竞争而竞争，你想要的是赢。

你还可能是信念驱动者。对信念驱动者而言，最有动力的时刻，是思考和讨论梦想的时刻。如果没有找到人生的意义，你会感到迷茫。梦想让你热泪盈眶。你的工作必须有意义，你拥有经久不变的核心价值，你做的事情必须符合你的价值观，也就是你的信念。这种对信念的追求，让别人愿意信赖你，被你打动。而它也是你长久奔跑的原动力。

虽然特点不同，但是驱动力优势者的共性一致：你一生都在追寻成就感。在你看来，为自己的目标奋斗的人生才是有价值的。你心中有自己想要达成的目标，渴望获得一定的成就，或是成为大众眼中的成功人士。

你不会安于现状，对成功有比较强的渴望，这会让你尽自己最大的努力来达成自己的目标。这可能也意味着在事业发展的过程中，你对自己会有比较高的要求，尤其是在那些体现自己能力的重要时刻，一定会竭尽所能，做到最好。同时你无法接受自己有一丝一毫的松懈，如果有一天你一无所获或是虚度了时光，那么你会对自己感到不满。

虽然过程中也会感到痛苦，但是你不会放弃，因为你知道成功那一刻的成就感会抵消一切。

正是你天性中的优势，让你清晰地知道自己想要什么，这种驱动力会促使你努力地实现自己的理想抱负，不断前进，并从中获得努力奋斗的快乐，感受目标达成的成就和价值感。同时，你内心的驱动力让你心中有一团火焰，整个人充满斗志，在他人眼中你是一个值得学习的榜样。

你乐于接受挑战，越是有难度的事情越是能激起你的兴趣。你喜欢去挑战更多的可能，面对一些事情时能迎难而上，因为你更愿意相信"危机就是机遇"。一般情况下这样的你都有着比较高的自我成长意愿，喜欢折腾，不愿意成为生活和工作中循规蹈矩、默默无闻的那一个。

你想要超越他人，同时不断地超越自己，挑战别人所不能，挑战自己所不能，你喜欢这种冲破极限、化茧成蝶的快感。这种强烈的驱动力让你的内心不满足现状，渴望不断地进步与成长，这能帮助你突破成长的重重障碍。而你在此过程中征服的每一个困难，都将成为你成长的"养料"，助你达成自己心中所想。

正是由于你身体里藏着驱动力的优势，这种内在的驱动力很容易就转化为外在的行为，促使你挑战与获得成就，而这样的你在他人眼中活得勇敢又潇洒。

在你的内心深处，有着自己坚信的人生信念、价值观，它像你生活中的指路明灯，指引着你朝自己的目标前进。你有着自己理想生活的渴望，心中有所追求，有所寄托，只要你想到它，你的体内就好像充满了力量。

有这种天然的驱动力成为你的优势，你不需要他人的肯定或赞美，也不是很在乎他人的批评或否定，当你心中有信仰时，你有所敬畏，有所约束，它指引着你的行为，让你的一生都能跟随自己的价值观，拥有无关他人、只关注自己内心的踏实感觉。

受自身优势的影响，你追求生活的意义，不愿意虚度此生,这种内心的渴望让你实现目标的内驱力更足,更可能将动力转化为行为,实现自己的人生意义。

但驱动力也会给你带来困扰:你可能因此陷入自我否定。

当你为了宏大愿景而一心向前时,一日没有达到,你就一日不敢放慢脚步,因为愿景太过遥远,你常常会觉得自己不够好,不够努力,陷入一种能力配不上野心的焦虑中。

有时候它会让你遭受误解。你想尽一切办法来获得成功,甚至有时候会为了达成目标而置他人的利益、需求等不顾,可能会让你身边的人受到伤害。

也许你会被孤立。你喜欢挑战,你享受赢的感觉,有时候可能总是想要赢过他人,想证明自己比别人更好,你要做人群中最优秀的那一个。这种心理状态让你的好胜心比较强,总是将自己放在人群中与他人作比较,不能容忍自己被身边的人超越。

具有信念驱动力的你有可能对不同的价值观不够包容。你可能会嘲笑别人的一些在你看来比较荒谬的价值观,但不可否认的是,那是因为你心中有自己坚定相信的信念,并因此感觉踏实且有力量。

// 职场发展建议

（1）坚持探索自己的人生北极星

你的强大来自对于人生愿景的实现，找到自己真正的人生北极星，则是激发你全部潜能的那把钥匙。

也许此时此刻你仍然觉得很迷茫，没有找到能激活自己的密码。不要着急，很少有人年纪轻轻就能确定自己的人生目标，也不要放弃，在做事中修炼自己。终有一天，当你遇到自己的人生使命时，请保证你有能力接住它。

（2）做好精力管理

作为驱动力优势者，你不甘于平庸，跟大多数人相比，你给自己设置了 Hard 模式，这更要求你要有好的体力和精力。我见过不少创业者，为了心中的梦想拼尽全力，却在即将到达顶峰时，没有健康支持。

有时你会感觉自己的动力消失，这对有驱动力优势的你来说，是一个巨大打击，它意味着你失去了生命力。别怕，你不是没有工作动力，你只是没有工作体力。

你有没有过这样的体验？头一天没睡好，情绪暴躁、悲观厌世，一句话没说好就跟人冲突起来。你觉得，我真是没法做下去了，讨厌这份工作。

但第二天你睡好了，精神满满，新点子又开始冒出来了。

一个重大决策会3小时，有人开到一半就体力不支，大脑一片糨糊，这时候，能到最后一刻还保持专注、思路清明的，就是胜者。

跟合作方谈判了8轮，还是僵持不下，你觉得自己不想干了。但你吃饱睡足，忽然又有力气发起第9轮谈判了，一定意义上，你已经赢了。很多谈判，最终的胜负，不是取决于谁的观点更高明，而是取决于谁的体力更好。

物质基础决定上层建筑，体力决定心力。有好的体力，是不下牌桌的保证。

在这个信息爆炸、竞争激烈、到处都是不确定的时代，谁的体力充沛，谁就有更高的专注力和更好的意识力，在竞争中胜出的概率就会大大提高。

要记得，支撑我们走到人生终局的，是强健的体魄和健康的精神状态——特别是对你这种有着长远人生目标的人来说。

请建立良好的生活习惯，把运动作为跟工作同样重要的事情；及时抽离，哪怕今天没有完成你既定的安排，也要在吃饭时细嚼慢咽，睡觉前肯定自己，保证良好睡眠。

（3）建立良好的人脉

你是天生的领袖，因为领袖是靠心力影响众人。

但值得注意的是，天生想做大事的你，有时候会显得过于骄傲，容易忽视身边的人，否定微小的价值。请记得，如果你最终能成功，那一定是众人拾柴火焰高的力量。

没有绝对英雄的个人，但是有英雄的团队，是优势不同的人们，发挥着不同的作用，把你最终托举了起来。

如果说你的人生终局是走向巅峰，那么要记住，避免高处不胜寒的方法之一，是跟志同道合的人们一起登顶。

希望我们最终顶峰相见。

* 亲爱的读者，如果你已经完成优势测评，请继续阅读本页；如果你还未进行优势测评，请翻至第234页。

个人优势使用说明书

- **你可以通过这些问题来觉察自己的"使用规律"：**

1. 什么时候你的精力最旺盛？
   _____

2. 在什么样的工作环境下，你的内耗最小且效率最高？
   _____

3. 哪种作息时间会帮助你更快、更容易恢复精力？
   _____

4. 睡前做什么会帮助你得到好的睡眠？
   _____

5. 白天发生什么事情会影响你的睡眠？
   _____

6. 一周运动几次，你的身体状态最舒适？
_____

7. 连续工作120分钟还是90分钟，你的专注度会下降？
_____

- **然后，你可以继续通过这些问题来完成自己的"使用说明"：**

    1. 我的四大优势是：
    _____

    2. 我在工作中做得特别好的点是：
    _____

    3. 当我的工作跟以下这些内容有关的时候，我能够创造更大的价值：
    _____

    4. 我需要的上级是这样的：
    _____

＊还未进行优势测评的朋友，如果你想了解自己有哪些优势，可以尝试使用下面的工具。

个人优势寻找[1]

- **寻找线索一：成就**

  在什么事情上你总能相比其他事更容易取得成功或得到他人认可？

  _____

  这背后和什么优势密切相关？

  _____

- **寻找线索二：渴望**

  你总是期待去做哪一类的事情？比如一个任务布置下来，哪一部分的内容会让你跃跃欲试？

  _____

  这背后和什么优势密切相关？

  _____

---

1 使用说明：四条线索在自己的回忆中检索出相关的经历和感受，思考这些事情大多和什么优势相关。

- **寻找线索三：成长**

  在过往的学习成长经历中，哪一类事情你上手很快？或者说你渴望能够做得更好？

  _____

  这背后和什么优势密切相关？

  _____

- **寻找线索四：感受**

  尝试回忆一下，你经常不自觉用什么方式去解决问题？做哪些事情让你感到有趣或者有成就感？

  _____

  这背后和什么优势密切相关？

  _____

后 记

今年是优势星球成立的第7年。

数不清多少次,在黑暗中看不到一点儿光亮。

创业,其实是在回答一个永恒命题:"在出海之前,你如何相信前方一定有陆地?"

我甚至回答不了这个问题,我只是相信,因为相信所以一头闯入。

有时候也会迷路,感到茫然不安。

这样的时刻,我会选择睡一觉,然后早早去公司。

看着同事陆续走进来,他们开始开会,讨论,叫嚷着"哎呀,我漏掉了一个用户的信息""哎呀,为什么昨天的直播数据不好?"。

于是我被一种年轻的生命力感染,它让我放下无谓的焦虑,回到眼前,一个字一个字写,一个问题一个问题解决,碌碌而有为。

消解不安的最好方式,就是脚踏实地做事,跟人一起做事。

我也会去看学员的反馈。

每一次,看到他们在实践中反复践行,带着优势视角找回自己,超越自我,我都能看见自己内心的快乐,那份快乐不会尖叫,但是它很深沉,牢牢扎在我的心里。

"优势星球"这个品牌,已经破土而出,在整个团队和无数用户的浇灌下茁壮成长。这本书,一定意义上是给它的7岁生日礼物。

感谢所有参与其中的同事,你们把宝贵的精力花在它身上,帮它顶住了风雨和暴晒。也感谢所有的学员,你们用生命实践了"优势"的价值。

除此之外,我自己还有一个私心,悄悄告诉你。

有一天傍晚5点多,我接到小核桃的电话,他说:"妈妈我要跟你聊一聊。"

然后他在电话里跟我说了当天发生的几件不太顺利的事,说着说着,呜呜大哭。

我让他哭,听他哭,一边做手势跟叫我开会的同事说:晚到一会儿,不好意思。

他哭声渐渐小了,开始慢慢聊。聊明白了让他难受的只是他的"看法",不是"事实",聊明白了哪些是真问题,哪些是假问题,聊了"事情是在变化的,你也是在成长的",聊明白了哪些是你的优势,而不是别人口中的问题。

那天挂了电话,我才想起,由于连续直播,已经3天没有跟小核桃见面了。但很奇怪,我一丁点儿也没有所谓"事业家庭难平衡"的愧疚感。

因为我相信他,也相信我自己。

我相信在互相陪伴的日子里,我在他心中种下了一些种子,只需要时间慢慢开花结果。

他8岁之后,肉眼可见地懂事起来,之前早上总是咣当撞开我的卧室门,喊着"妈妈陪我吃早饭",全然不顾我可能才睡下没几个小时。

现在他已经接受"妈妈工作到很晚需要多睡会儿",不再叫我起来吃饭。

有时候我醒来,他已经去上学了,会看到他在我卧室门口贴的字条:"妈妈,晚上见哦,爱你。"

那天谈完,我就去开会了,晚上下了直播回到家10点多,看到他给我留的字条:"妈妈,晚上聊完后,我心情好多了。明天我放学就回来。"

第二天放学回来，他喋喋不休地跟我讲，他对昨天的事情有了哪些新的想法。

这就是我自信的来源，我不能传授什么本领，因为时代发展之快，我很快就跟不上孩子们的认知。

我能给的，是激励、唤醒和鼓舞，是帮助他确认他自己，是帮助他获得属于自己人生的信念。

当你有了一个孩子，时间忽然就有了"具体"的样子：他会爬了，会站了，吃了第一口橙子，喊出一声"妈妈"，他出门上幼儿园了，他在小学有了自己的朋友……

你知道吗，这个世界上，没有什么比孩子的笑脸更灿烂的东西了，太阳和钻石都比不过。

每每看着他胖乎乎的小脸和没有一丝杂质的眼神，我都想跟他说一句话：

"请你一直都'自在向上'。"

自在，是排在向上前面的。

我希望他能成为这样的人：获得自己认同的成功，自在向上。

我希望在他的一生中，他做的每一个决定，都发自内心，他知道自己想要什么，并且落子无悔，全力以赴。在我心里，它比考多少分、得第几名要重要得多。

同时，我希望自己也能做到。

生活并不容易，每个人都是。但是我们作为成年人，不能只知抱怨不知建设，不能只沉浸于痛苦而不知改变，我们有责任向孩子们展示：这个世界同时也可以是美好的。

2500多年前的孔子号召"因材施教"，面对不同学生提出的相同问题，采取因人而异的教学方式。

20世纪的彼得·德鲁克先生倡导人本主义管理，提倡"必须尊重人，关心人，并致力于发掘每个人的特长和能力"。

每一次，当我们通过课程或者服务，视频或者文字，帮助用户相信"原来我有自己的擅长之处，原来这是我的优势而不是缺点"，都会感觉，仿佛跟前辈们进行了一次穿越时空的交流。

这就是我所理解的活着的意义感。

意义感是我们人类区别于其他生物最重要的一点，平日里它看不见摸不着，不顶饥不管饱，很多人觉得它虚无缥缈，但是你要知道,关键时刻,它是人能坚持下去的唯一原因。

是心中的"意义感",让我们一次又一次兴致勃勃地开始新的一天。

这是生而为人的信念所在。

写到这儿,这本书已经接近尾声了,我也有点好奇,你对自己的人生赋予了何种意义感?你人生中最重要的那件事,又是什么呢?

如果需要,我在优势星球等你,跟你一起回答这个问题。

致　谢

感谢参与这本书出版过程的编辑老师，谢谢你们的精益求精，你们对一本书的呵护和严厉，都是这本书走到今天的养分。

感谢优势星球和 Momself 的所有战友，谢谢你们蓬勃的生命力和严谨的职业精神，跟你们一起奋斗的每一天，都是人生宝贵的财富。

感谢我的朋友和家人，谢谢你们包容了我的焦虑和压力，给了我足够的自由。你们让我一次次确认，无条件的爱长什么样子，这是我一生的幸运。

弗洛伊德先生说："快乐的秘诀，来自工作与爱。"

谨以此书，作为我们相遇的礼物，祝大家，自在向上。

感谢编辑老师蔡蕾、洪刚、贾育楠，以及所有优势星球与 Momself 的工作人员：柏祝倩、陈德金、陈浩然、陈曼婷、陈启宏、陈彤、陈晓青、陈永妮、成铭、杜星星、范诗雅、封一帆、高颖怡、郭梦颖、郭晓旭、郭振江、何晓燕、何颖奇、胡存金、胡静、胡天予、胡馨予、胡雪儿、黄楚懿、黄金圆、黄蓉、江玉琴、姜蓝、姜绍博、姜巍霞、焦星宇、金洁、李超、李顺、李晓彤、李妍、李志伟、李子涵、练子、梁雯坤、林海云、刘龙兴、刘思文、刘小琪、刘杨、卢津津、卢曼婷、吕婧、梅蕾、裴景秀、彭卉芬、强燕子、盛佳楠、石佳悦、宋花征、覃伟钊、唐骥、田碧薇、王贝俊、王芳、王晶晶、王坤、王爽、王天奇、王星花、王妍、王艺乔、王奕、闻晓慧、吴超、徐冬梅、徐丽爽、徐琳、晏翔、杨刚、杨维萍、杨曜瑜、姚登元、姚芩琰、尹尚俐、余彦影、余燕敏、俞佳宁、占艳芳、张芙蓉、张家青、张晶晶、张静轩、张黎佳、张甜芮、章玲玲、赵妍、赵泽成、郑立扬、郑林峰、周露燕、周蔓、周志龙、朱静仪、朱丽倩、邹瑛瑛。（按姓氏音序排列）